世界第一簡單
免疫學

河本宏◎著

國立臺灣大學醫學院免疫所副教授　朱清良　◎審訂

卡大◎譯

前言

提到免疫學，你會想到什麼？許多人的腦海大概會浮現「感染、疫苗、過敏、醫院」等醫學相關名詞吧！免疫學當然與醫學有關，但本書要以「生物學」的角度來說明免疫學，會非常有趣喔。

「免疫」是保護人體的機制，透過各種細胞在人體內的增減與移動，使人體各部位皆可交流訊息，藉以抵抗病原體。

世界第一簡單系列以數學、物理、化學、生物學等多元領域為題材，重新詮釋艱澀的學科，讓人易於了解。而出版社詢問我，是否可寫一本關於免疫學的入門書時，我便認為這是推廣免疫學，使更多人體會其中樂趣的最佳機會。

主修醫學、生物學的學生會覺得免疫學很難，是因為免疫學有許多難懂的專有名詞，例如「抗原專一性」、「自體耐受性」等。所以我苦思著，如何讓讀者突破這個障礙，輕鬆掌握免疫學。

我想最簡單的辦法就是，直接降低解說的深度，可是降低深度便無法掌握免疫學的本質。因此，本書透過漫畫的形式，努力在深入解說與清晰易懂之間取得平衡，期望能發揮科普書的最大效益。此外，本書也充分提供了新的思考方向與資訊。

由於我很喜歡畫漫畫，所以當初接到此企劃時，我曾想過：「希望能自己畫漫畫。」可是有勇無謀的我過沒多久得知漫畫家塩崎忍小姐已接下這個案子，便覺得給這麼厲害的人負責比較好，立刻放棄自己畫的想法。世界第一簡單系列的畫風大多屬於「萌系」，而塩崎小姐的畫風則不同，具有現代風格，我非常喜歡這種俐落感。

在書籍製作的方面，有些作者只撰寫學術內容，故事情節和角色全交給編輯與漫畫家構思。但對我來說，這是一個難得的機會，所以我也參與了角色設定和劇本撰寫。當然，我和製作公司Become plus的鳥田榮次先生、拓植智彥先生所討論出來的劇本，必須於編輯以及塩崎小姐繪製漫畫的過程中，透過眾人的創意不斷增添有趣的橋段，例如實驗室守護神的細胞角色就是出版社編輯的創意。我因為本書的企劃，與島田先生、拓植先生多次會面，每次都暢談漫畫內容，討論得非常愉快。

本書並沒有加入世界第一簡單系列常見的戀愛情節，而是增加了各式角色。我們不想以特定形象作為角色設定的範本，而是混合幾位朋友的特色，塑造出新的角色，再透過塩崎小姐的妙筆生花，使他們變得活靈活現。

本書所展現的研究室狀況相當符合真實情形。免疫學課程大多設於醫學院，但生命科學系也有免疫學的研究室。本書的故事主線是兩位大四生組成團隊，所進行的畢業專題研究與成果發表。

本書以醫學系、牙醫系、藥學系，以及理、農、工學院的生命科學系學生為主要讀者群。對免疫學的研究者來說，本書可作為吸收新知的補充教材。日本高中的教科書近來大幅修改「生物基礎」科目的內容，更加詳細地介紹免疫學，因此，我建議日本高中的生物老師，不妨藉由本書大致掌握免疫機制，學生也可以應用本書，幫助自己理解課堂內容。

在本書製作過程中，從草稿階段開始，我就獲得多方幫助。我要特別感謝從撰寫劇本到最終定稿，數次閱讀全文，給我建議的桂義元老師（京都大學名譽教授）、增田橋子老師（京都大學）、系井真奈美老師（明治國際醫療大學）。此外，我亦深深感謝提供寶貴意見的高濱洋介老師（德島大學）。最後，非常感謝研究室的研究生和助理，他們就自己的觀點，提出許多有用的意見。

我深深希望本書能有助於免疫學教育的推廣，謹此獻給各位讀者。

河本宏

目錄

第9章 過敏與自體免疫疾病 ……… 207

第10章 器官移植、再生醫學與免疫 ……… 233

◎本故事的登場人物、學校名稱等均為虛構。

序幕

序幕
城北大學

久美，妳最後決定如何？要就業嗎？
三江路維人
理學院生命科學系三年級

嗯，我還是去工作吧，我想進入媒體相關產業。
阿維要留下來念書嗎？
鈴波久美
理學院生命科學系三年級

嗯，
我想留下來。
我想參加碩士班考試。
你畢業專題選擇在哪間研究室做呢？

我煩惱了很久，決定去免疫學研究室。
什麼？是高原老師的研究室嗎？

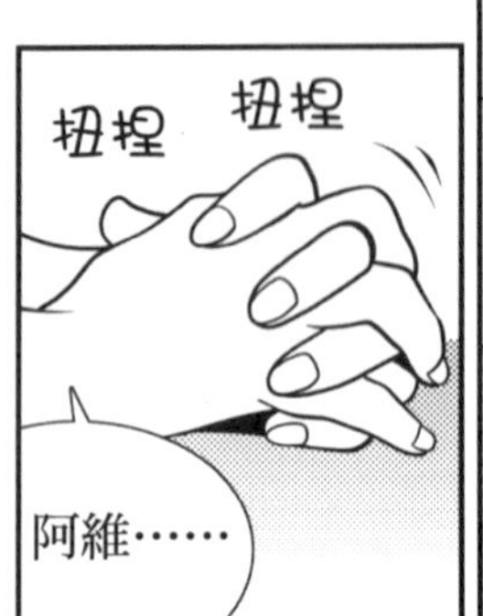

什麼？

歷屆諾貝爾生理學、醫學獎的得獎者，很多都是免疫學家耶！

阿維選免疫學的理由是什麼呢？
我雖然對免疫學有興趣，但它看起來好像很難，所以我才猶豫不決呀。
妳是因為虛榮心吧。

因為免疫學與醫學有關，
卻屬於生命科學的領域，我覺得很有趣……
免疫必須由人體的多種細胞，進行複雜的合作……
我說不上來，總之，免疫學很特別。

什麼啊！其實是因為德井老師很美吧～
嘻嘻
咦？我的確聽過這個傳聞，可是我才不會因為這種理由去選課，我又不是妳。
你好過分！我是經過認真考慮，才決定選免疫學的！
我的志願是科普作家耶！

高原教授講課
非常風趣喔。

嗯，他上課真的很有趣，但聽說他私底下是個怪人。
說不定很難搞。

不會，聽說他對學生很好。
他雖然看起來不怎麼樣，其實人很好。

不管啦！如果我們都要去高原老師的研究室，第一次見面我們一起去，好不好？
合 掌
拜託！

好啦。
妳精神真好。
阿維，謝謝你！

人體的免疫細胞

第 1 堂課

二月——兩人都分發到免疫學研究室，
初次與老師見面……

德井聖子（32）
人體防禦學專任講師
不準找藉口！
這些藉口都沒用！
浪費時間！
驚

你們知不知道，不是所有人都喜歡照顧學生！
也有愛偷懶的研究室。
哇，我撤回剛剛的話！

不過……
你們放心，我們實驗室不一樣，教育是老師的本分。我不只會盡責地照顧想上研究所的學生，也會重視想就業的人。
微笑
只要是對免疫學有興趣的人，我都很歡迎！

不過，我有個條件。
呃，她笑起來好可怕。

你們必須徹底理解自己的研究！

理解？
看你們一副理所當然的樣子……

不僅是大學生，連研究生也一樣，年輕人都只會埋頭做實驗。
指導不知道自己在做什麼的人，只是浪費我的時間！
除了會做實驗，我希望學生能真正理解研究主題。

你們想在我們實驗室做研究，必須徹底掌握整體的免疫學。
做得到嗎？

這正是我想要的！
我……我也是！
笑
實驗從四月開始，在那之前我們可以先上幾次課。
就從今天開始吧！剛好我有空。
什麼？今天？

1-1 ✜ 免疫是什麼？

來談談你們的
研究主題吧！

三江路，你用基因缺陷的小鼠，進行動物實驗，調查「抗體產生力」。
鈴波，妳用另一種基因缺陷小鼠——
研究這種小鼠的「造血幹細胞是否能分化為淋巴細胞」，進行系統培養。

這兩個實驗都以兩人一組來進行，畢業論文則要兩人各自寫出來。
老師怎麼都幫我們決定好啦？
無——言

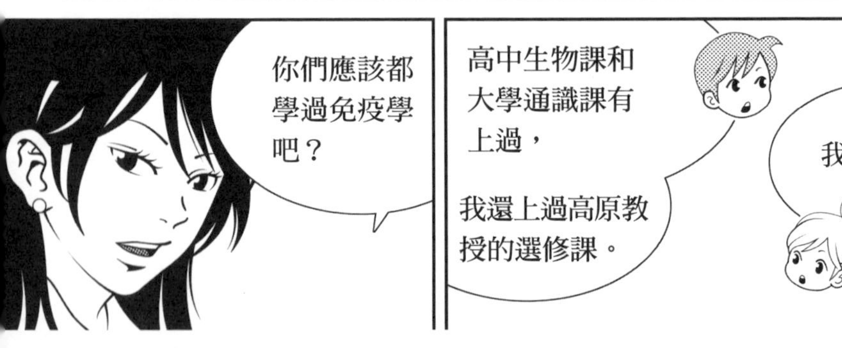
你們應該都學過免疫學吧？
高中生物課和大學通識課有上過，
我還上過高原教授的選修課。
我也是。

我還讀過幾本入門書。
什麼？好奸詐喔！
哪裡奸詐，拜託！

我知道了。問你們一個問題……
抗　原
請說明什麼是「抗原」。

呃……應該是指，刺激免疫系統的外來物吧？例如，病原體等。
不對，我認為是會與抗體結合的分子。

鈴波三十分！三江路六十分！
打擊
30
嗚……

抗原是免疫學最基本的概念，絕對要搞懂。
一般的書籍都沒有明確解釋。

連這麼簡單的概念都不清楚，我失去信心了~
唉
別誤會，我不是要給妳下馬威。

鈴波得三十分是正常的，可是為什麼我只有六十分？
喂——
幹嘛這樣說！

我等一下再說明吧。（p.44）
笑

而且科技日新月異，許多觀念不斷改變。
因此，一般學生不易掌握免疫學。

免疫學其實沒有那麼難，只是市面上的入門書——
大多沒有詳細介紹，而專門書籍的資訊繁雜，反而讓人抓不到重點。

上老師的課，就能解決這些問題吧！

免疫是保護身體，免於感染的作用。

舉——手

沒錯！

如果人體沒有免疫功能，會立刻腐爛。

生肉放在房間裡，一天後便會繁殖細菌或黴菌，進而腐壞吧？

來吧——

免疫反應可以分成兩種類型。

第一種是，生物體首次感染某種病原體所產生的反應。

這是人體天生的功能，稱為**先天免疫**（**innate immunity**），反應速度很快，功能卻較弱。

人體的兩種防禦反應

先天免疫	面對不同病原體都產生相同反應	快而弱
後天免疫	二度感染某種病原體所產生的強力反應	慢而強

第二種是，二度感染某種病原體，所產生的反應。

此反應需要幾天的時間，速度較慢，但反應力強。

這是於首次感染得到經驗記憶的**後天免疫**（**adaptive immunity**）※。

※又稱適應性免疫。

1-2✣白血球就是免疫細胞

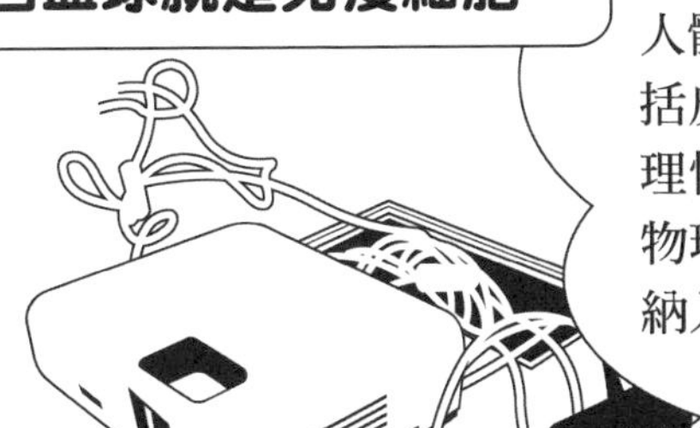

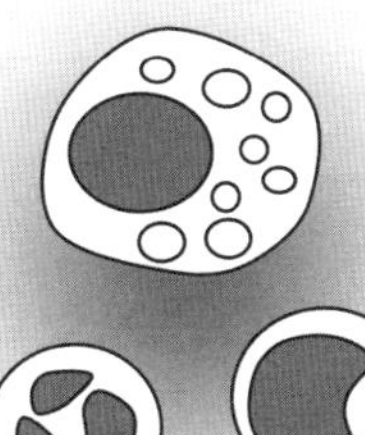

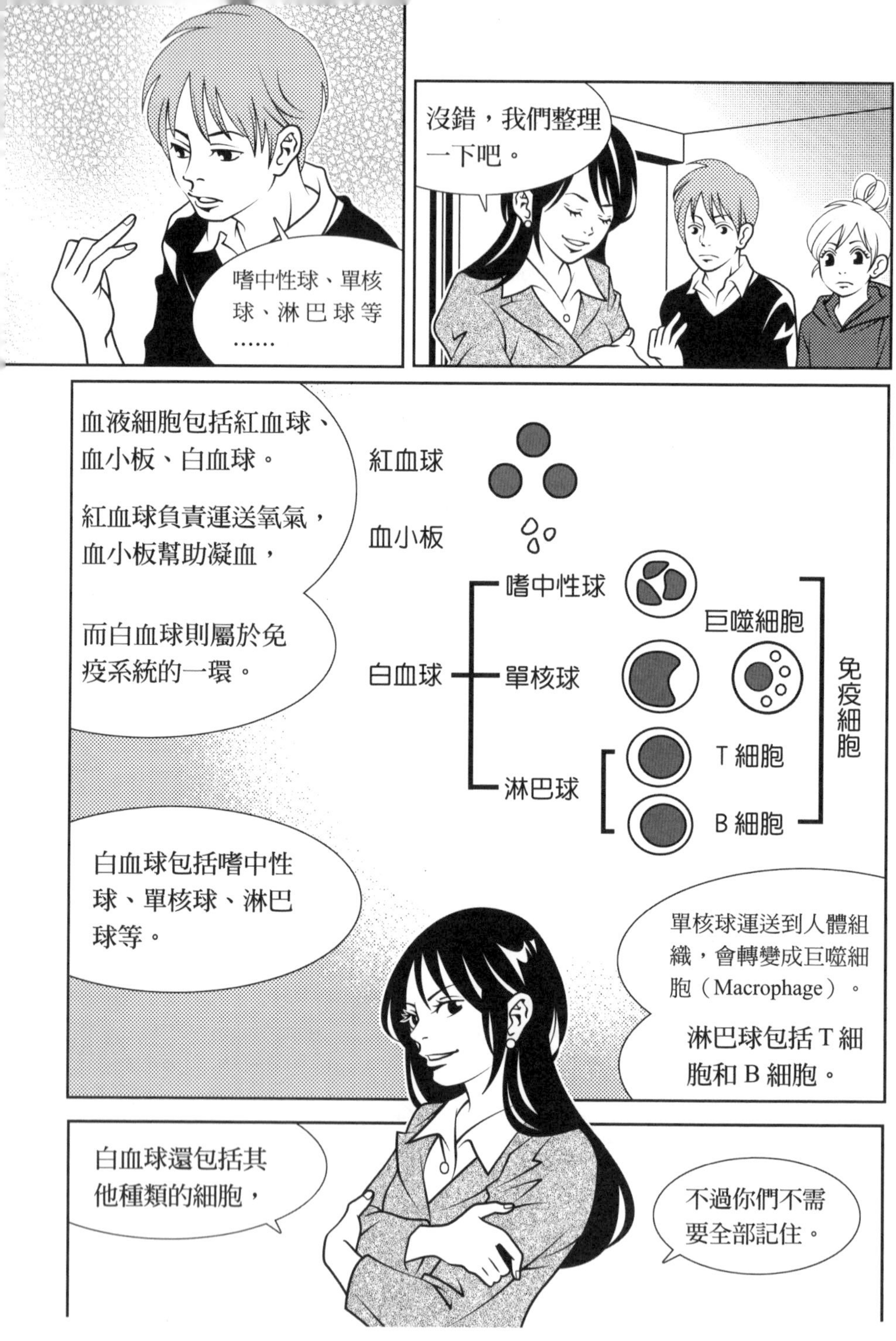

血液細胞包括紅血球、血小板、白血球。

紅血球負責運送氧氣，血小板幫助凝血，

而白血球則屬於免疫系統的一環。

紅血球

血小板

白血球

嗜中性球

單核球

巨噬細胞

淋巴球

T 細胞

B 細胞

免疫細胞

白血球包括嗜中性球、單核球、淋巴球等。

單核球運送到人體組織，會轉變成巨噬細胞（Macrophage）。

淋巴球包括 T 細胞和 B 細胞。

白血球還包括其他種類的細胞，

不過你們不需要全部記住。

1-3✣守護人體的三大機制

1.「吃掉」病原體 

2.「殺死」感染細胞 

3.「抗體」攻擊 

免疫的機制大致分成三項：「吃掉病原體」、「殺死感染細胞」、「抗體攻擊」。

第一項「吃掉」，是指嗜中性球和巨噬細胞的作用。

這兩者合稱為吞噬細胞，會進行吞噬作用。

巨噬細胞

嗜中性球

嗜中性球會吞食病原體、消化病原體，

可將細胞吃得乾乾淨淨。

嗜中性球的屍體是「膿」！

第二項「殺死」，主要是 T 細胞的作用。

T 細胞會找到被感染的細胞，殺死它，阻止感染擴大。

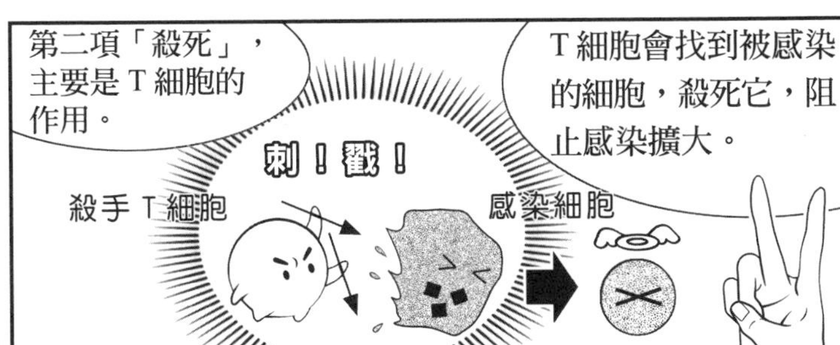

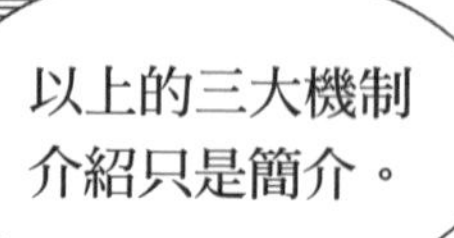

接著，把這三大機制，歸類於先天免疫與後天免疫。

①吃掉病原體	巨噬細胞 嗜中性球	先天免疫
②殺死感染細胞	殺手 T 細胞	後天免疫
③抗體攻擊	B 細胞	

吞噬細胞屬於先天免疫，T 細胞和 B 細胞則是後天免疫。

免疫系統的分工

吞噬細胞　殺手 T 細胞　B 細胞

立即作用　需要時間

❖ 免疫細胞的製造位置與作用

免疫細胞位於人體的**骨髓**、**胸腺**、**淋巴結**、**脾臟**等處。骨髓位於人體骨頭的髓質；胸腺位於心臟上方的腺體，人體青春期的胸腺約三十至四十公克，隨年齡增長逐漸縮小；淋巴結大多位於脖子、腋下、腹股溝等處（圖 1-1），平時如米粒般大，受感染則會腫大；脾臟位於左腹部，略小於拳頭。

此節將說明免疫細胞於人體何處製造。免疫細胞（淋巴球）主要源於骨髓的造血幹細胞。而沒有特徵的前驅細胞，變成具有明顯特徵與作用的細胞，這個過程稱為**分化**（圖 1-2）。

造血幹細胞存在於骨髓之中。骨髓會製造所有的血液細胞，但不會製造T細胞，因為T細胞是在胸腺成熟的。胸腺是為了製造T細胞而存在的腺體。

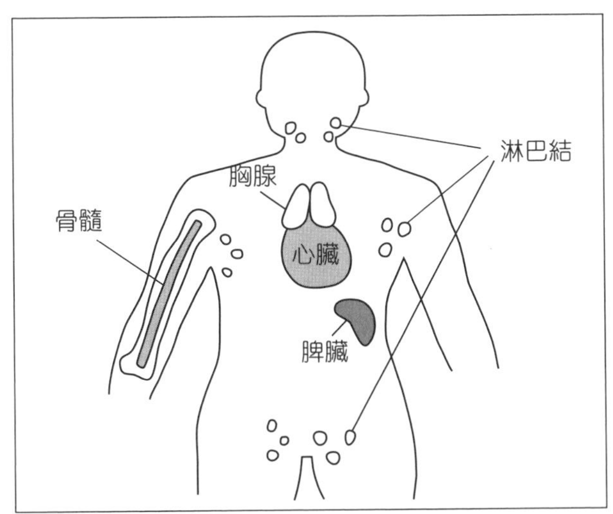

圖 1-1　人體免疫細胞的位置

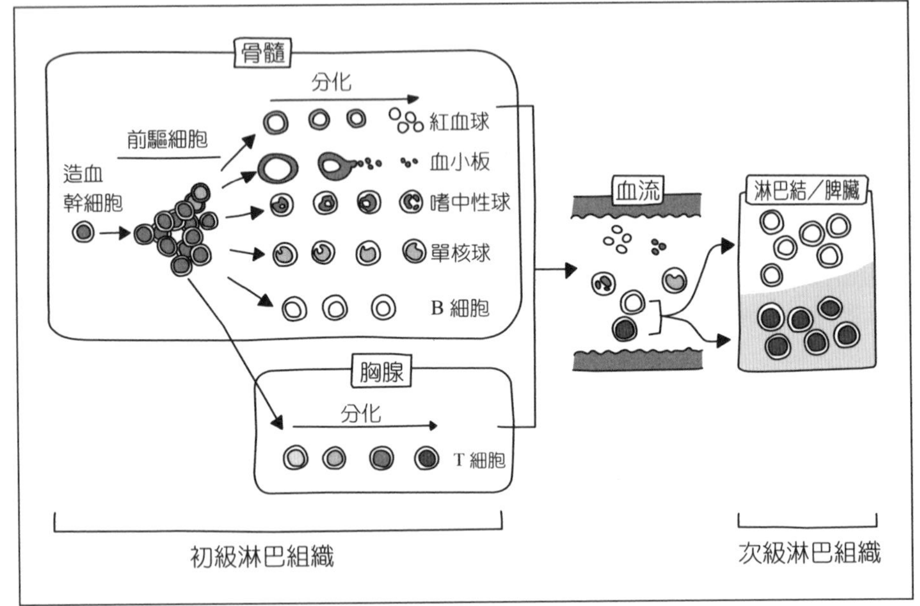

圖 1-2 人體免疫細胞的製造位置

B細胞與T細胞分別於骨髓、胸腺成熟，再釋放入血液，此時它們還不具有免疫作用，必須在進行免疫反應的位置——淋巴結或脾臟，進一步分化成具有免疫作用的淋巴球。這代表參與免疫反應的淋巴球，依功能可分為B細胞和T細胞。

淋巴球最初分化的地方，稱為**初級淋巴組織**，例如骨隨與胸腺；淋巴球進一步分化，形成免疫作用的地方，稱為**次級淋巴組織**（圖 1-2）。

組織名稱	確切位置
初級淋巴組織	骨髓、胸腺
次級淋巴組織	淋巴結、脾臟

第 2 章

後天免疫的基本原理

第 2 堂課

三月——免疫機制的基礎知識

2-1 先天免疫與後天免疫的差異

高原教授！
我出差帶了伴手禮，剛好拿給妳。

來，這是特產——萌米。
萌
越光米5kg

這兩位是妳的學生嗎？
他們是來這裡做畢業專題的學生，三江路和鈴波。

哈哈哈
唉呀～麻煩你了。
沉重
天啊！
伴手禮竟然是米…

這位是高原教授。
高原正（52 歲）
人體防禦學
專任教授
多多指教啦～

麻煩教授指導了！
鞠躬

這位老師雖然脾氣有點暴躁，但人很好，你們不必害怕。
老師！沒有人害怕啦！
唉呀，你們絕對被嚇得皮皮挫了吧。

各位我不打擾，兩位同學加油喔。
好的！

關門

是個溫柔的老師呢！
對學生是很溫柔啦，但對我們員工喔……

他很固執喔！
而且超級自我中心，令人火大。

其實……高原研究室裡，有一個禁止進入的房間，
裡面躲著一位無法承受高原教授所給的壓力，而神經衰弱的助教……
除厄
KEEP OUT
咦？老師看起來很愛笑，應該不會帶來這麼大的壓力啊。

呃……算了，不談這個。
我們開始上課吧。
驚呆

一般來說，人體的免疫細胞是利用蛋白質分子，來辨識外來物。
如果某物質與蛋白質分子結合的結果，證明它是外來物，免疫細胞就會產生免疫反應。

此細胞具有可辨識外來物的**受體**（receptor，又稱接受器、受器）。
外來物
免疫細胞
受體
※註：人體還有可感知正常物質的受體，可偵測荷爾蒙等。

原來受體的分子可「辨識」外來物啊。

沒錯，我們來看先天免疫系統的基本機制吧！

先天免疫系統的細胞

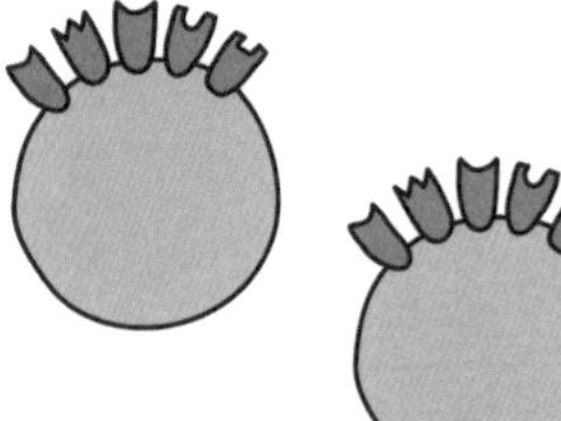

每個先天免疫系統的細胞，都具有數十種受體，可偵測多種外來物。

這些細胞具有可與各種病原體鬆散結合的受體。

而人體的免疫細胞都具有可偵測細菌的受體，因此都能對細菌A產生反應。

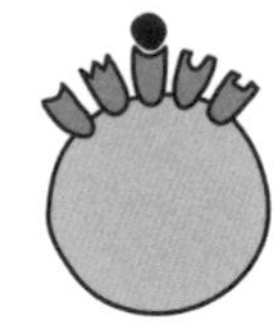

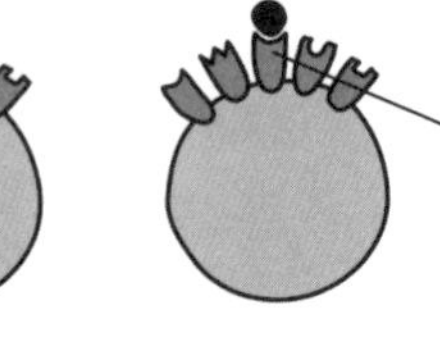

反應快而弱

人體感染細菌 A，而免疫細胞皆具有共通的細菌受體，因此會迅速產生免疫作用。

這種反應雖然快，卻不完全，因為這種辨識是局部的，有時會出錯，作用力較弱。

後天免疫系統的細胞

後天免疫系統的細胞，只有一種受體。

各種受體會與病原體所含的特定成分，緊密結合

不同的細胞，具有不同種類（形狀）的受體。

每個後天免疫細胞只有一種受體！

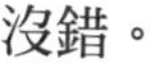

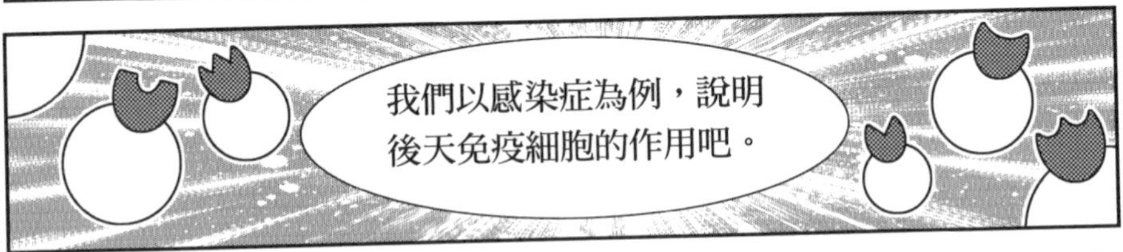

首先，假設人體感染病原體Ａ。

病原體 A

與病原體 A
結合的受體

此時，
這裡會發生
一件大事！

人體感染病原體 A 的時候，可辨識病原體 A 的免疫細胞會在體內迅速增殖。

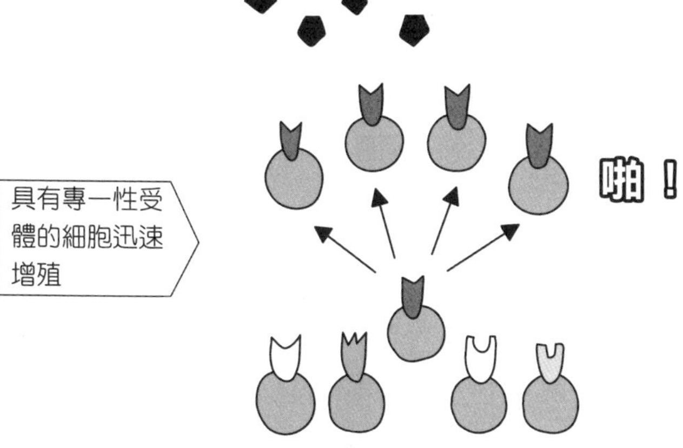

接著，增殖的細胞會擊退病原體。這就是後天免疫系統的基本機制。

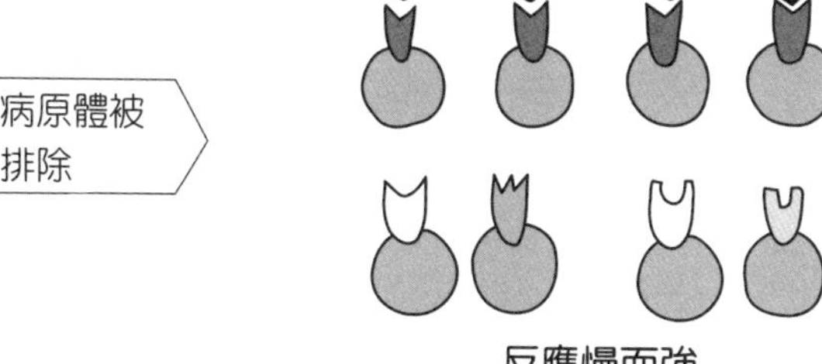

反應慢而強

原來如此……

難怪反應速度快不起來呀～

為了進一步了解此機制，我來說明後天免疫系統的專有名詞吧。凡是能引起後天免疫反應的物質，都稱為**抗原**。抗原通常是蛋白質，種類繁多，且具有**抗原專一性**。

與抗原結合的受體，稱為**抗原受體**。而實際上會產生各種抗原受體的是T細胞和B細胞。

先天免疫系統的刺激物和受體，不稱為抗原和抗原受體嗎？

這個問題很好。刺激先天免疫細胞的物質，以及先天免疫細胞的受體，的確不稱為抗原和抗原受體（參照p.44）。

此外，後天免疫細胞有數百萬種，每種皆有不同受體，具多樣性。擁有各種受體的後天免疫細胞，統稱為**圖譜**（repertoire），又稱圖庫（repertory），但一般多使用圖譜一詞。

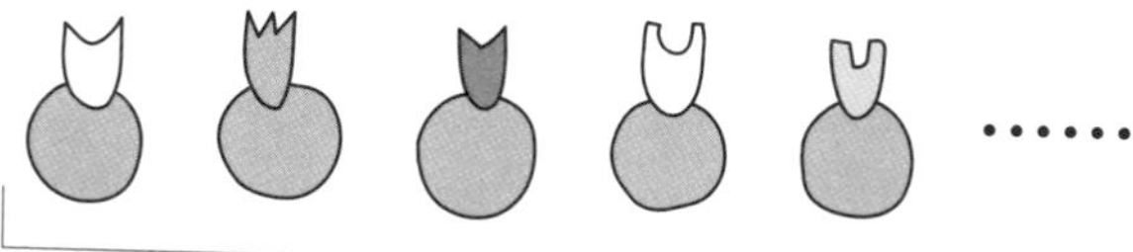

圖譜

我的電腦裡也有圖庫呢，哈……

等一下我再解釋另一個名詞——**細胞株**（clone）。

好難喔……

複製人是細胞株嗎？

沒錯，細胞株（clone）是指一群單一母細胞產生的相同細胞。感染會造成具專一性的細胞增生，稱為**細胞株增殖（clonal expansion）**。

細胞株增殖

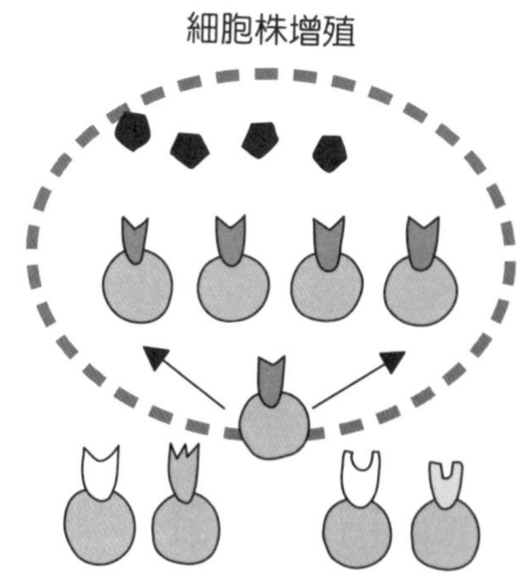

2-2✤後天免疫的五大特徵

寫

抗原專

有五個關鍵詞可代表後天免疫系統的特徵，目前我已經介紹了三個。

抗原專一性
多樣性
細胞株增殖

我們接著探討剩下的關鍵詞吧。

我懂了！

不是我啦！

妳想問，為什麼受體不會與人體自己的分子反應吧？

打擊

!!

幹嘛搶我的話～

沒錯，免疫系統不會對自體產生反應，這稱為**自體耐受性**（又稱自身耐受性）。

「多樣性與自體耐受性」這兩個名詞互為表裡，放在一起更能顯示出它們的意義。

真是不可思議啊。

這種細胞群到底怎麼形成呢？

笑

鈴波，不錯喔。妳充滿好奇心，學習會更深入，也可帶來更多樂趣。

指

妳突破盲點了！

唉呀…

免疫細胞產生
自體耐受性，

自體耐受性

是免疫細胞成熟過
程中的重要事件。

如左圖所示，人體隨機形成具各種受體的細胞，可和各種分子進行反應。

人體隨機製造具有各種專一性受體的免疫細胞

會和自體抗原反應的細胞，必須在發育的過程中排除，
這種細胞與自體抗原結合後，會產生排除反應。

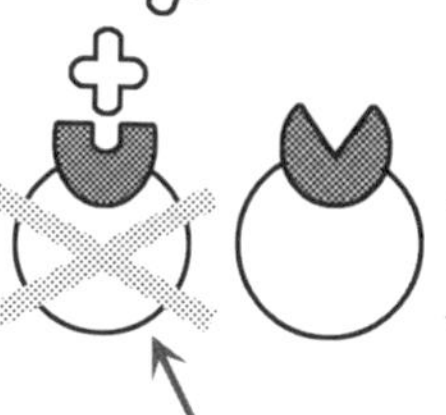

自體抗原
自體分子（自體抗原）與細胞結合，接著被人體排除。

啪！

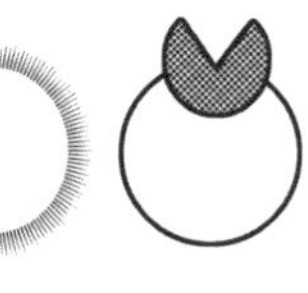
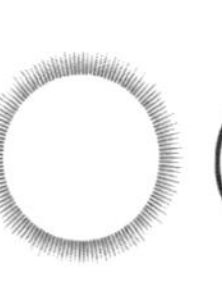

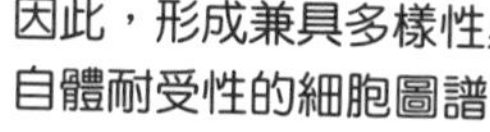

因此，形成兼具多樣性與自體耐受性的細胞圖譜

啪！

這麼一來，人體的免疫細胞即「不會對自體產生反應」，因為會反應的細胞已被排除。
排除了！

我懂了。
可是排除反應在哪裡進行，如何進行呢？

別急，現在最重要的是了解基本原理。
詳細情形我之後再說明（p.109）。

下一個關鍵詞是**免疫記憶**。我們感染過某種疾病，下次即不會再感染相同疾病，這種好像人體有記憶的現象，稱為免疫記憶。

換句話説，「記憶」是免疫系統本來就有的現象。

免疫記憶的機制

第一次感染時，細胞株會增殖，排除病原體。

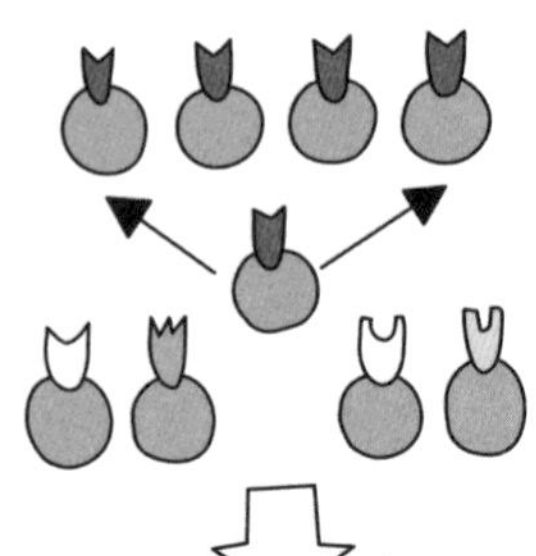

完成增殖的細胞株，有些會保留下來。

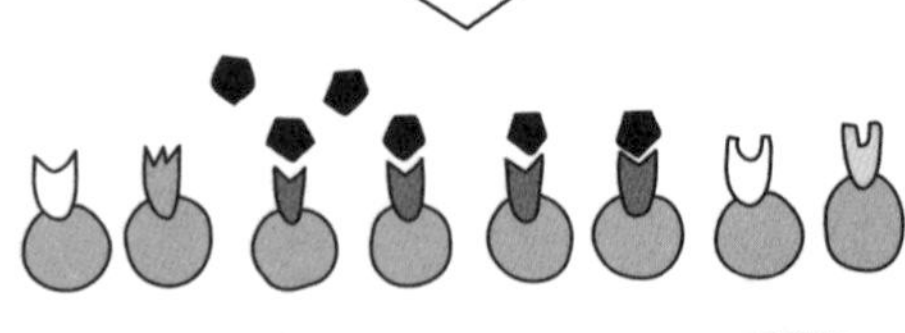

並於第二次感染時，迅速產生反應。

細胞株增殖後，會保留下來啊！

第二次的反應好快速！

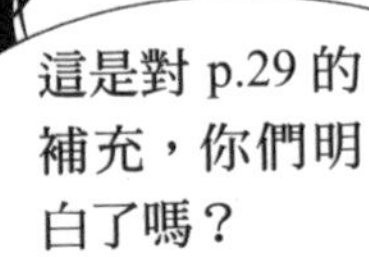

原來如此，我明白了！
免疫記憶的原理是「細胞株增殖後，會殘留部分細胞」。

如此一來，五個關鍵詞皆介紹完畢。
其中，①、②、⑤與疾病感染有較直接的關係。
①抗原專一性
②多樣性
③細胞株增殖
④自體耐受性
⑤免疫記憶

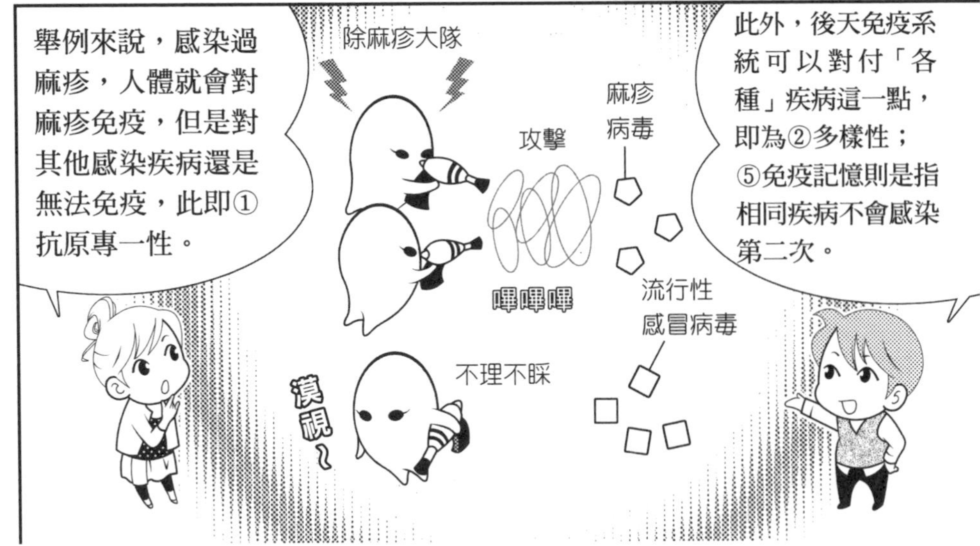
此外，後天免疫系統可以對付「各種」疾病這一點，即為②多樣性；⑤免疫記憶則是指相同疾病不會感染第二次。
舉例來說，感染過麻疹，人體就會對麻疹免疫，但是對其他感染疾病還是無法免疫，此即①抗原專一性。
除麻疹大隊
麻疹病毒
攻擊
嗶嗶嗶
流行性感冒病毒
不理不睬
漠視～

2-3 ✣ 抗原受體的辨識

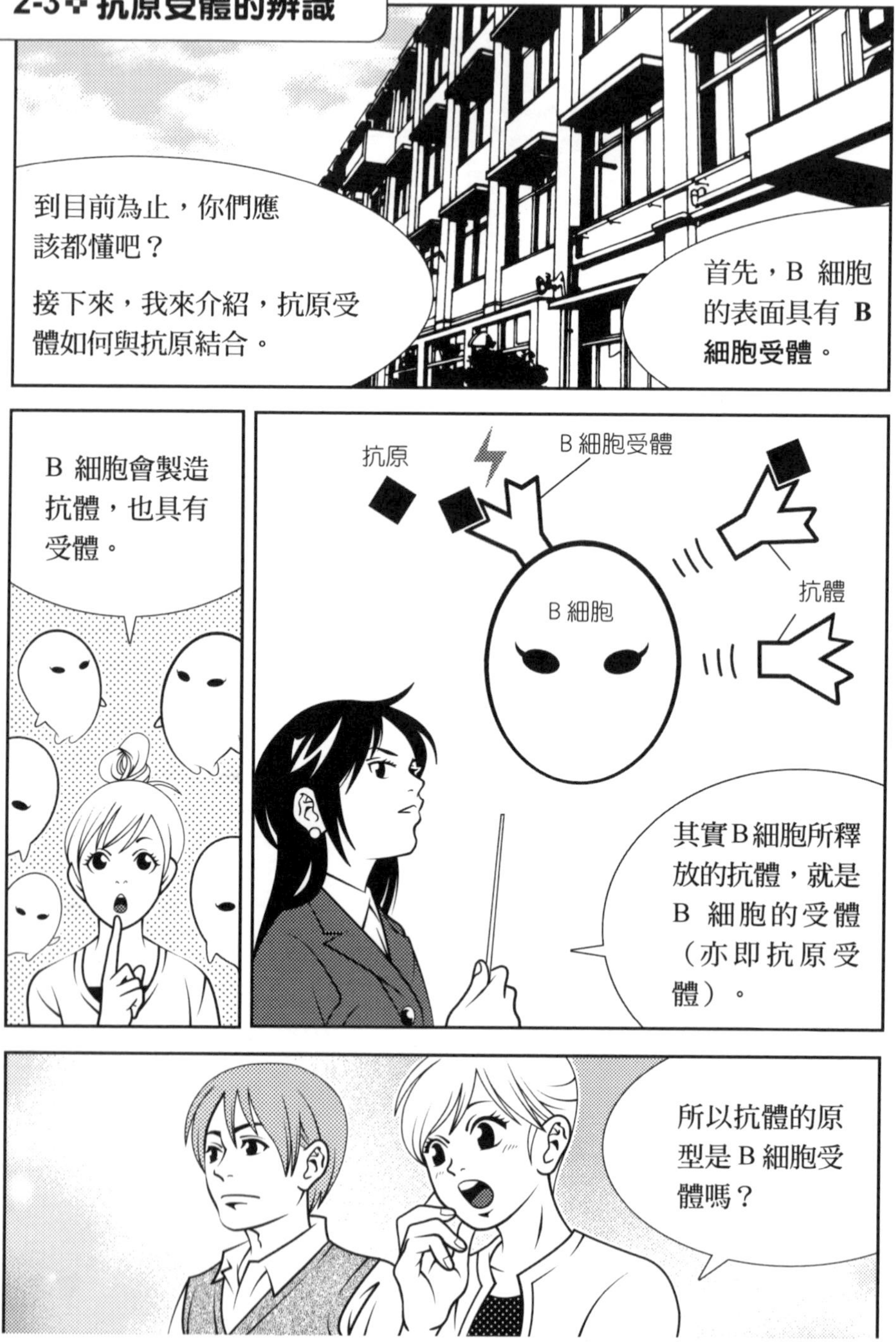

B 細胞會製造抗體，也具有受體。

抗原

B 細胞受體

B 細胞

抗體

其實B細胞所釋放的抗體，就是B 細胞的受體（亦即抗原受體）。

沒錯。「B 細胞受體」這個說法較不普遍，原則上，一般的說法是「抗體」。
抗體＝
B 細胞受體
不過你們要知道，其實兩者是相同的。

拿
出
這就是抗體分子的形狀！

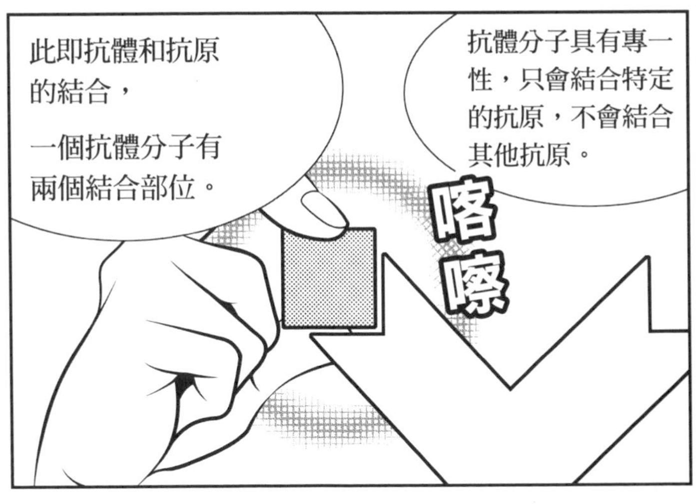
此即抗體和抗原的結合，
一個抗體分子有兩個結合部位。
抗體分子具有專一性，只會結合特定的抗原，不會結合其他抗原。
喀
嚓

抗原是哪種物質呢？

下文將大略介紹抗原的種類。符合以下兩個條件的物質，即為抗原：分子大小在某個程度以上，具有一定的形狀。

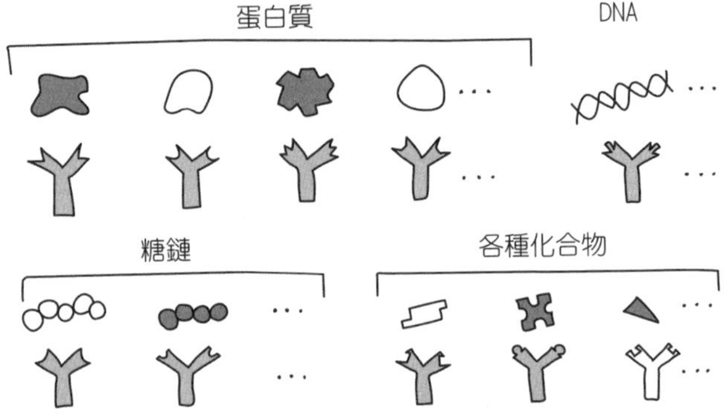

不要忘記喔！一個抗體分子只能結合一種物質。人體的數百萬種抗體分子當中，有些抗體會與蛋白質結合，有些抗體會與糖鏈結合。

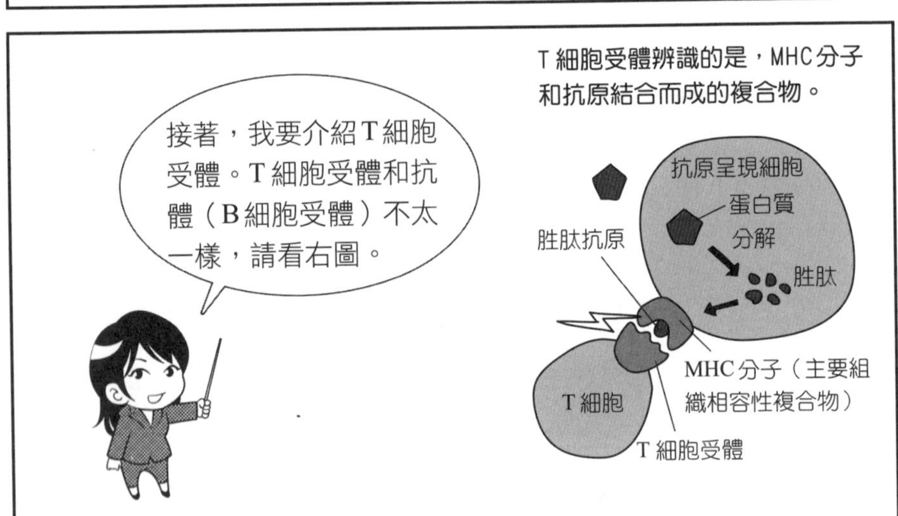

原來抗原呈現細胞有這種帶有抗原的MHC分子，跟抗體（B 細胞受體）不一樣呢！

是的。抗原呈現細胞表面的 MHC 分子與抗原結合，才可被T細胞受體辨識。
這個例子的抗原是胜肽。
鈴波，妳知道什麼是胜肽嗎？

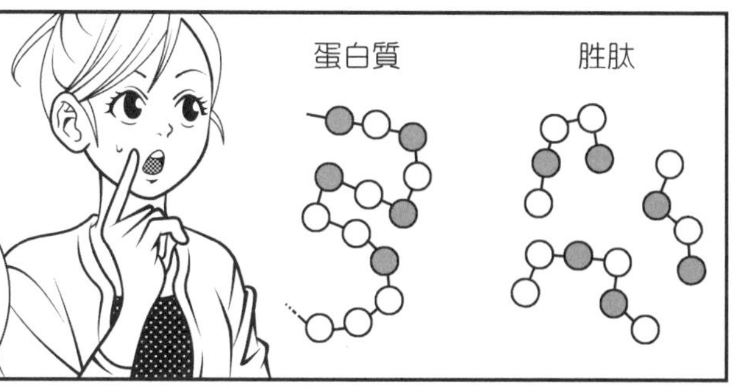
嗯……蛋白質通常由數百個胺基酸串連而成，
而只由數十個胺基酸組成，長度較短的物質，則稱為胜肽。
蛋白質
胜肽

沒錯。
T 細胞受體會和胜肽結合。

嚴格來說，T 細胞受體所辨識的是，胜肽和 MHC 分子的結合體（複合物）。
T細胞受體所辨識的是，MHC分子和抗原的結合體。
抗原呈現細胞
蛋白質
分解
胜肽
胜肽
抗原
MHC 分子
T 細胞
T 細胞受體
雖然有點複雜，但這就是免疫學有趣的地方。
拿出
這張圖很重要，一定要搞懂喔！

嘰哩咕嚕……
嘰哩咕嚕……

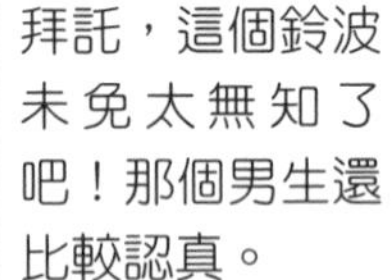

拜託，這個鈴波未免太無知了吧！那個男生還比較認真。
細胞神 1
T 細胞
你的定論未免下得太早了，現在才剛開始嘛。
德井老師的講解很好懂啊。
細胞神2
B 細胞

吞噬細胞是本研究所的守護神，它是一種免疫細胞。研究所的所有員工和學生都受吞噬細胞監視。
只要是被這種善惡分明的單細胞盯上的研究人員，都逃不出這間研究所——
……
……
細胞神 3
吞噬細胞
（巨噬細胞）

閃開，讓我來說！
我來為各位讀者複習後天免疫吧！
…………
…………
你來幫我，B 細胞！
真是的，一副自以為是的模樣。

本章總整理

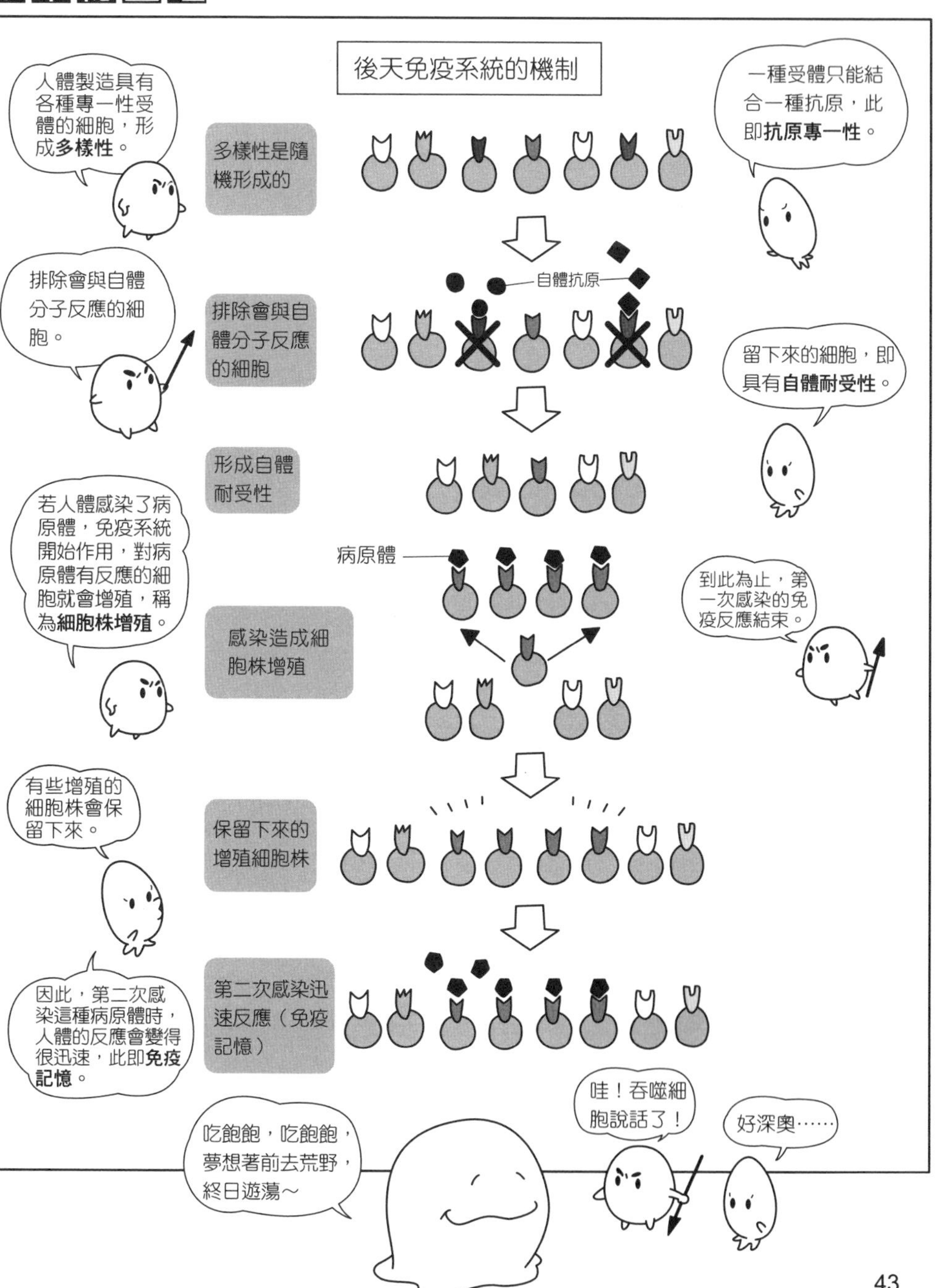

後天免疫系統的機制
人體製造具有各種專一性受體的細胞，形成多樣性。
多樣性是隨機形成的
一種受體只能結合一種抗原，此即抗原專一性。
自體抗原
排除會與自體分子反應的細胞。
排除會與自體分子反應的細胞
留下來的細胞，即具有自體耐受性。
形成自體耐受性
若人體感染了病原體，免疫系統開始作用，對病原體有反應的細胞就會增殖，稱為細胞株增殖。
病原體
到此為止，第一次感染的免疫反應結束。
感染造成細胞株增殖
有些增殖的細胞株會保留下來。
保留下來的增殖細胞株
因此，第二次感染這種病原體時，人體的反應會變得很迅速，此即免疫記憶。
第二次感染迅速反應（免疫記憶）
哇！吞噬細胞說話了！
好深奧……
吃飽飽，吃飽飽，夢想著前去荒野，終日遊蕩～

抗原的定義

後天免疫系統辨識刺激物的組合，稱為抗原與抗原受體。那麼，先天免疫系統的刺激物與受體，稱為什麼呢？

先天免疫系統的刺激物和受體，稱為**病原體相關分子模式**[※1]（病原體在演化上具有高度共通性的分子），以及**模式辨識受體**[※2]（會辨識這些共通性分子的受體），可直接辨識病原體。

先天免疫和後天免疫的辨識方法

病原體相關分子模式

模式辨識受體

先天免疫

抗原

抗原受體

後天免疫

我知道了。前文鈴波以「刺激免疫系統的外來物，例如病原體」來定義抗原，只得到三十分，是因為此說法包括了病原體相關分子模式的定義。

這只是其中一個原因，另一個原因是……抗原不只包含「病原體或外來物」，還可能是自體抗原，記得嗎？

對耶。而我的說法，「會與抗體結合的分子」只得六十分，是因為沒有考慮到T細胞受體。
把抗原定義為「抗體或T細胞受體可辨識的分子」，應該可得一百分吧？

嗯，可以算是一百分。
在人類的後天免疫系統中，不同的淋巴球有不同的受體，因為受體與抗原的對應具有專一性，所以人類具有非常多種的淋巴球。但八目鰻的淋巴球只有一種，卻可以隨抗原改變受體的結構，來產生免疫作用（參考 p.76）。因此，嚴格來說，抗原應該是指「具有多樣性的後天免疫系統受體，所辨識的分子」。

※1　Pathogen Associated Molecular Patterns：PAMPs

※2　Pattern Recognition Receptor：PRR

第 2 章 補充 Follow Up

❖ 抗體的作用

抗體的作用大致可分成以下三種（圖 2-1）。

①與病毒和毒素分子的作用部位結合，使病毒和毒素分子的功能喪失。

②為病原體加工，使吞噬細胞（例如巨噬細胞、嗜中性球等）易於吞噬病原體。為病原體加工的分子，稱為調理素（opsonin），而加工的作用稱為**調理作用**（opsonization）。

③活化補體系統※（complement system）。在結合了抗體分子的病原體上，引發補體的活性，使補體系統活化。活化的補體會在病原體的細胞壁打洞，使病原體死亡。

※補體系統是血液所含的生物防禦相關分子群，請參閱 p.74。

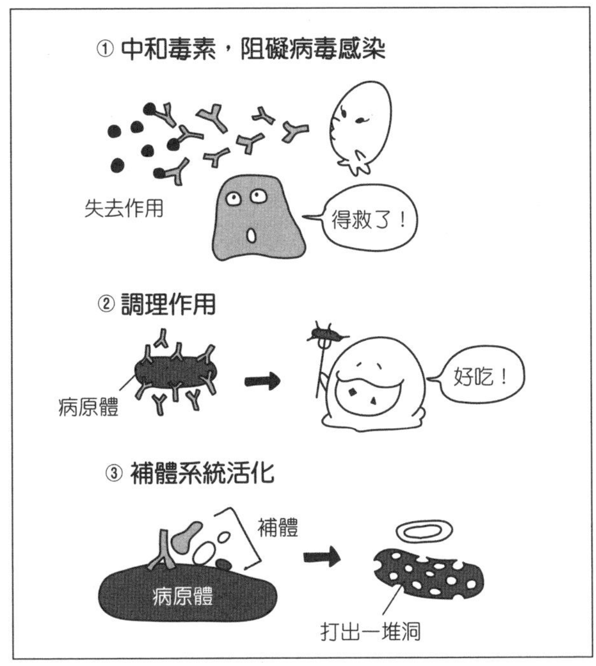

圖 2-1 抗體的作用

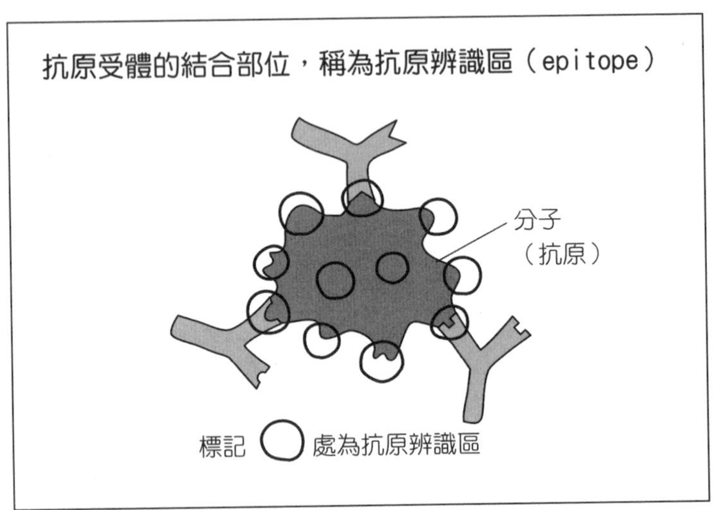

圖 2-2 抗原辨識區示意圖

❖ 抗原與抗原辨識區

抗原通常是指單一分子，而且抗原分子只有極小的部位會與抗原受體結合，而非整個抗原分子都會與抗原受體結合。組成抗原的蛋白質，通常由數百個胺基酸分子串連而成，但抗原受體真正辨識的部位，頂多只有十個胺基酸分子，這種「決定抗原性的部位」，稱為**抗原辨識區**（epitope），又名抗原決定部位或表位（圖 2-2）。

❖ 伯內特的選殖理論

二十世紀初，人們已經知道免疫多樣性、自體耐受性、免疫記憶等觀念，當時有許多學者提出理論來說明，例如，弗蘭克．麥克法蘭．伯內特（Sir Frank Macfarlane Burnet，澳洲病毒學家，對免疫學研究具有重大貢獻）在一九五七年提出的「選殖理論（clonal selection theory）」。這個理論述及第 2 章介紹的「一個細胞對應一種分子」、「細胞多樣性圖譜的形成」、「自體反應性細胞的排除」、「具專一性的細胞株增殖」等觀念，而往後的免疫學發展，亦證明了這個理論的正確性。

第3章

先天免疫系統的病原體偵測

先天免疫系統啟動了後天免疫系統！

第3回講義

四月——兩人升上大學四年級
開始進行實驗

3-1 ✤ 先天免疫系統的反應

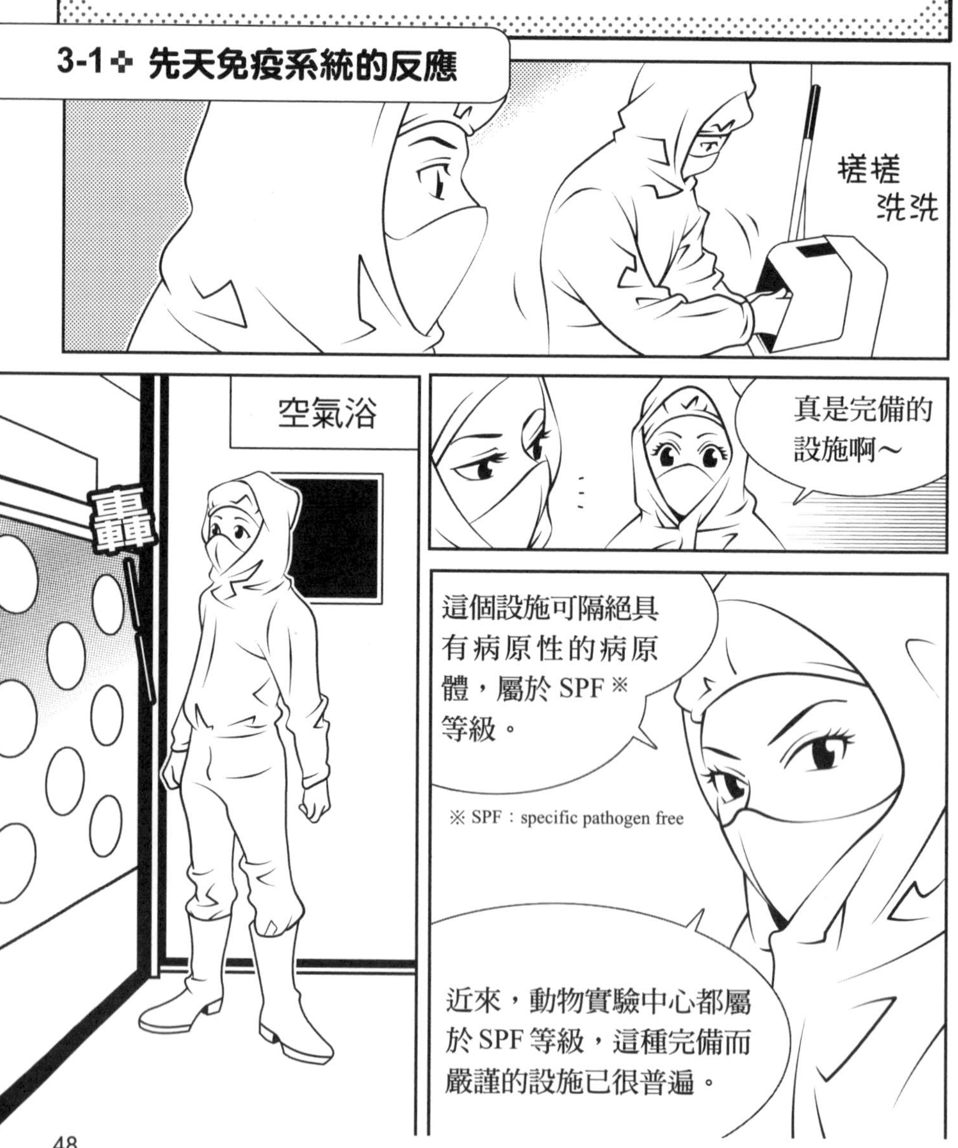

※ SPF：specific pathogen free

為了實驗的可重複性，良好的實驗環境是必需的。
小鼠感染病原體會影響實驗結果，因此，相同的實驗在不同的設施進行，可能會得到不同的實驗結果。
對免疫學研究來說，SPF 尤其重要。
如果不小心讓病原性菌體進入實驗室，會怎麼樣呢？
不管是何種病原性菌體進入實驗室，所有的實驗都要暫時中止，且整座設施必須消毒。
所有人的實驗可能會延遲一年。
什麼!!
還好，到目前為止，本設施還沒發生這種感染事件。
哼
所以，如果現在發生這種情況，可能是你們造成的喔！
請以戒慎恐懼的態度來進行實驗。
是的……
好可怕……

三江路須調查具有某種基因缺陷的小鼠※的「抗體產生能力」，不過……
※稱為「基因剔除小鼠」（knockout mice）
喀噠
你先以正常小鼠做練習吧。

您好！我是正常小鼠！
哇，好可愛。♡

請注射抗原。
噗哧
哇啊！
腹腔內注射
如此一來，小鼠便會產生對應於抗原的抗體。
嗚
沒錯～

其實我注射進去的不只有抗原，
還有刺激先天免疫系統的物質。
咦？不能只注射抗原嗎？

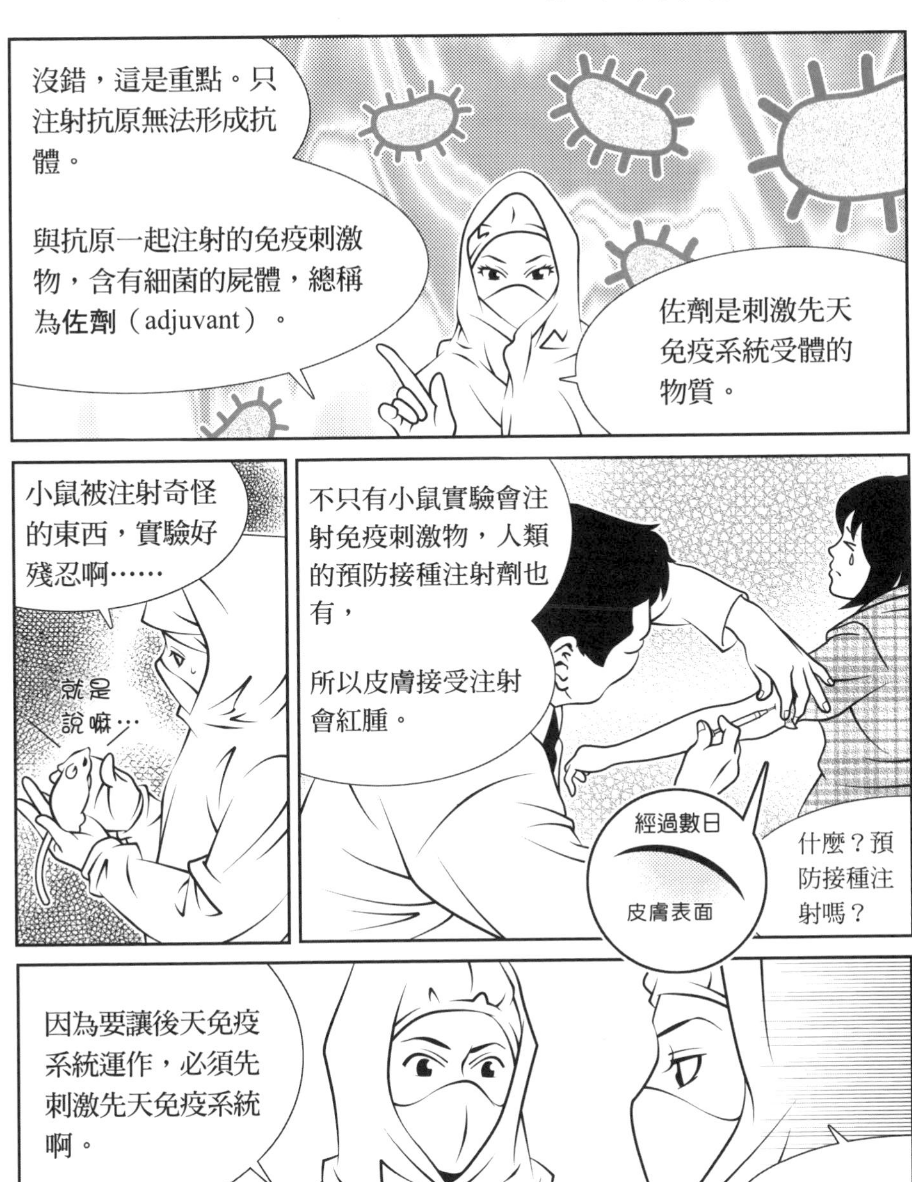
沒錯，這是重點。只注射抗原無法形成抗體。
與抗原一起注射的免疫刺激物，含有細菌的屍體，總稱為**佐劑**（adjuvant）。
佐劑是刺激先天免疫系統受體的物質。
小鼠被注射奇怪的東西，實驗好殘忍啊……
就是說嘛…
不只有小鼠實驗會注射免疫刺激物，人類的預防接種注射劑也有，
所以皮膚接受注射會紅腫。
什麼？預防接種注射嗎？
經過數日
皮膚表面
因為要讓後天免疫系統運作，必須先刺激先天免疫系統啊。
沒錯！

3-2✣先天免疫反應的運作過程

唉呀！討厭～如果我有來生，絕對不要當老鼠。

可是老鼠對科學的進步有很大的貢獻。

哼

我才不要呢！免疫學太複雜，我才不要處理這麼複雜的事！

沒錯，學到最後常會搞不懂免疫學到底是什麼。

吞噬細胞，麻煩你把那個拿過來～

猛吃猛吃

好～

拿來了～

飛踢

不要一邊吃東西，一邊說話，會噴口水啦！

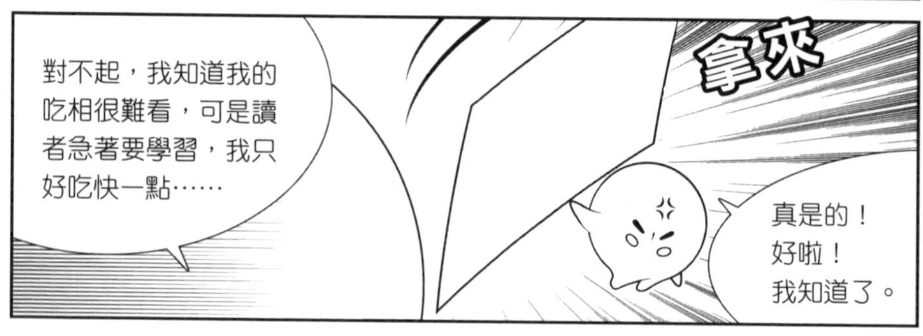

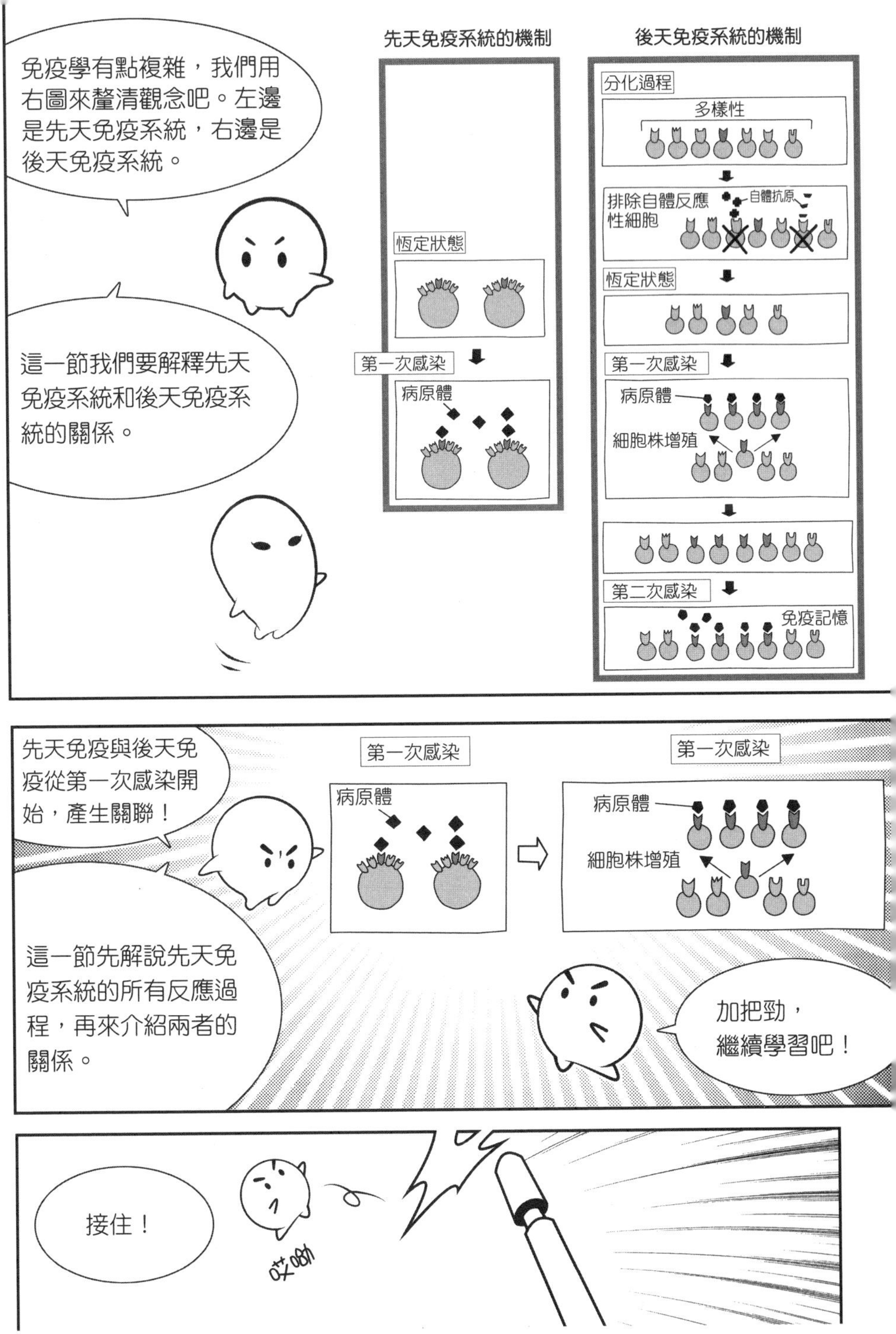

免疫學有點複雜，我們用右圖來釐清觀念吧。左邊是先天免疫系統，右邊是後天免疫系統。

這一節我們要解釋先天免疫系統和後天免疫系統的關係。

先天免疫系統的機制

恆定狀態

第一次感染

病原體

後天免疫系統的機制

分化過程

多樣性

排除自體反應性細胞

自體抗原

恆定狀態

第一次感染

病原體

細胞株增殖

第二次感染

免疫記憶

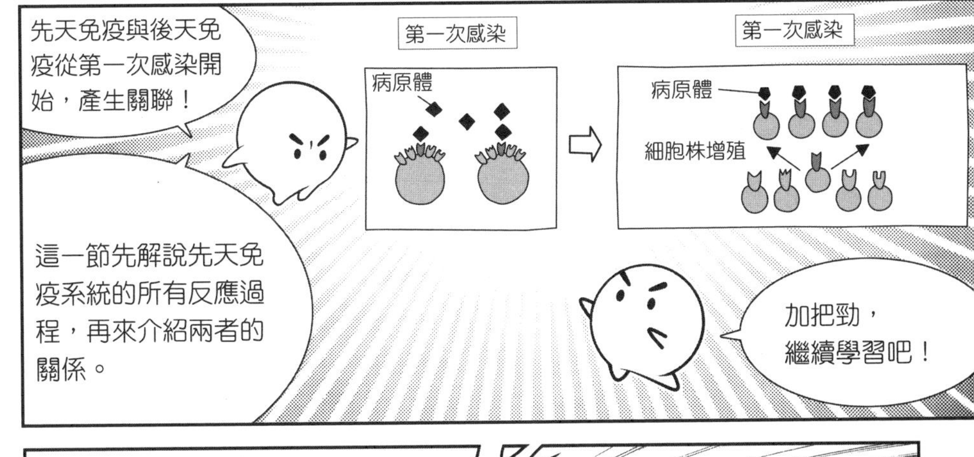

為了讓你們了解先天免疫系統的整體樣貌，此圖已將先天免疫系統的反應整理好了。

此圖分成兩部分：直接擊退病原體的系統，以及偵測病原體並發出警報的系統。

先天免疫的作用

A. 直接擊退病原體

B. 偵測病原體並發出警報

這三個方法可直接擊退病原體！

A. 直接擊退病原體

1. 以抗菌分子攻擊病原體
2. 吞噬病原體
3. 殺死感染細胞

什麼！會殺死感染細胞的，不是後天免疫系統的殺手 T 細胞嗎？

其實，先天免疫系統也有殺手細胞，我等一下再解釋。

此外，這兩個方法則可偵測病原體並發出警報。

B. 偵測病原體並發出警報

1. 細胞表面受體
2. 細胞質內部受體

原來如此，沒想到有這麼多種方法。

3-3 ✣ 攻擊病原體的機制

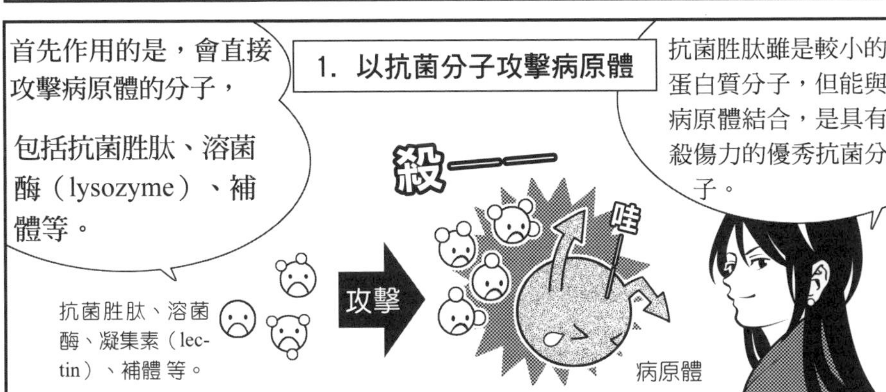

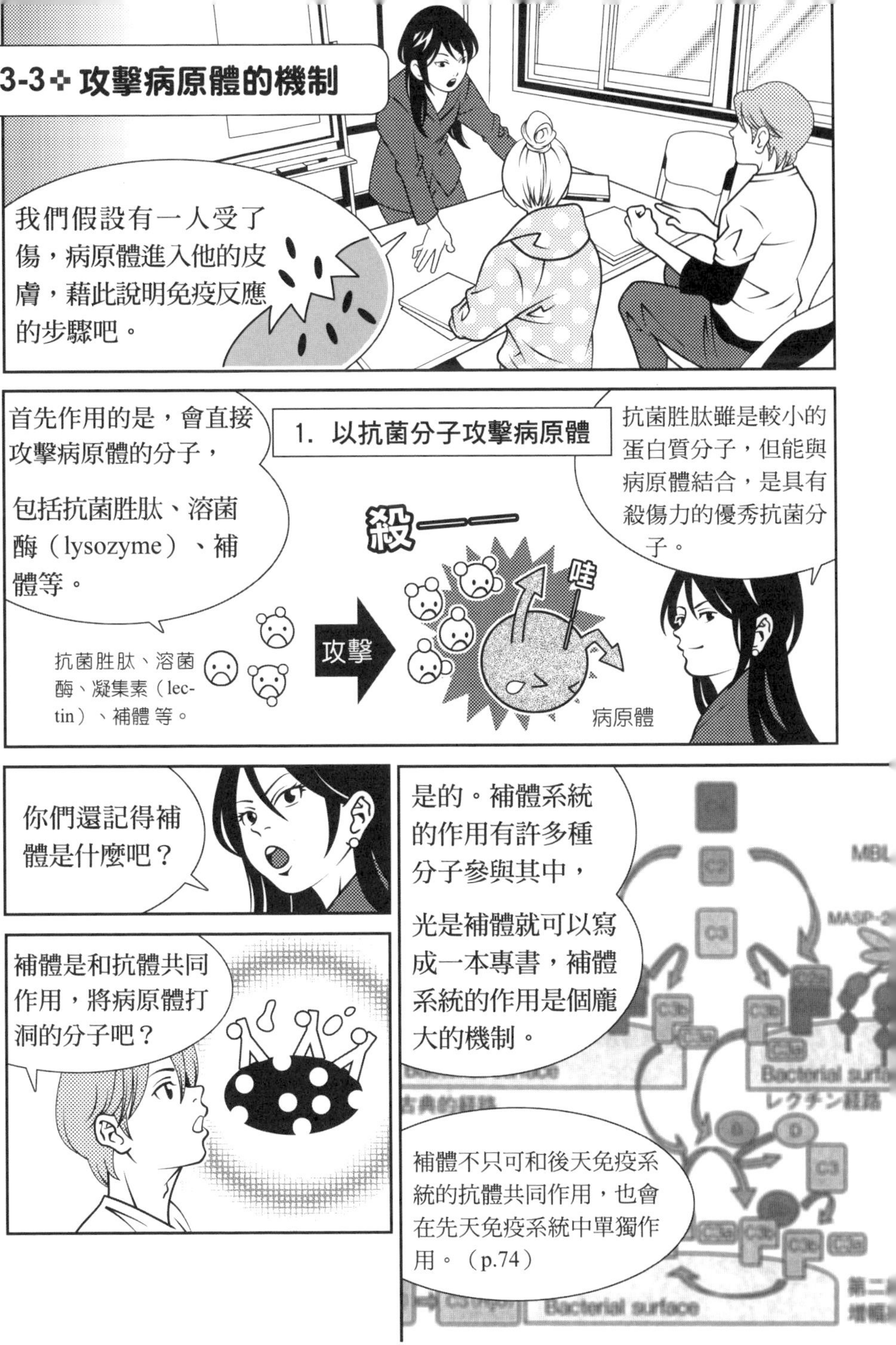

你們還記得補體是什麼吧？

補體是和抗體共同作用，將病原體打洞的分子吧？

是的。補體系統的作用有許多種分子參與其中，

光是補體就可以寫成一本專書，補體系統的作用是個龐大的機制。

補體不只可和後天免疫系統的抗體共同作用，也會在先天免疫系統中單獨作用。（p.74）

2. 吞噬病原體

接下來是吞噬細胞的吞噬作用。吞噬細胞會吃掉與吞噬受體結合的物質。

吞噬受體有很多種——

此節介紹各種吞噬受體，但你們不必全部背起來。

第一，吞噬受體（偵測味道的分子）

這個好像可以吃耶～

吞噬受體猶如偵測味道的分子。

甘露糖受體（mannose receptor）、
β-葡聚糖受體（β-glucan receptor）、
清道夫受體（scavenger receptor）

吞噬細胞會把自己遇到的東西都吃掉嗎？

千萬不可以吃掉健康的自體細胞，所以要先判斷能不能吃呀。

吞噬受體可以辨識的外來物，可是非常多種喔。

除了外來物，吞噬受體還會分辨瀕死的細胞，或是已經死亡的細胞，並且吃掉它們！

不錯喔。

抗體是後天免疫系統的分子，而先天免疫系統的凝集素、補體、C 反應性蛋白※（C-Reactive Protein）等，皆具有調理素的作用。

※C 反應性蛋白是種蛋白質。而當發炎或組織細胞損壞，血清中的凝集素即會增加。

請問，被細胞吃掉的病原體會變成怎樣？
細胞應該沒有腸胃消化道吧？

你吃太多了！
哈哈哈！
細胞當然沒有腸胃！

可是，細胞具有類似腸胃的消化構造，
被吞噬的病原體會進入吞噬體（phagosome）的小袋，
裡面含有可殺菌的物質與消化酵素，能夠將病原體殺死、分解。
吞噬細胞的殺菌作用與消化
吞噬體
殺菌、分解
融合
溶菌酶小體
（具有消化酵素）

接下來，換殺手細胞出場，處理受感染的細胞。
這種細胞稱為 NK 細胞，是一種淋巴球，會殺死感染細胞。
3. 殺死感染細胞
刺刺刺
你被感染了，受死吧！
NK
NK 細胞

細胞若遭受壓力（例如感染），會釋放出平常所沒有的分子。
!
NK
NK 細胞的受體會與這種分子結合。
NK 細胞一旦發現這樣的細胞，便會立刻把它殺掉！
讓細胞瞬間斃命……好可怕的 NK 細胞……
發抖～
人體有安全裝置，不會濫殺無辜的細胞啦，
不過這有點複雜，我們下次有機會再談吧（p.132）。
NK
到目前為止，我們提到的分子和細胞，都屬於先天免疫系統。接下來，我將介紹偵測分子。

3-4 ✣ 偵測病原體的警報機制

細胞表面受體

這一節將介紹偵測分子的作用，這些細胞表面的受體，主要作用是吞噬細胞。這類受體偵測到病原體，會傳達強烈的刺激，使吞噬細胞變活躍，亦即「**活化**」，這個名詞要記住喔。

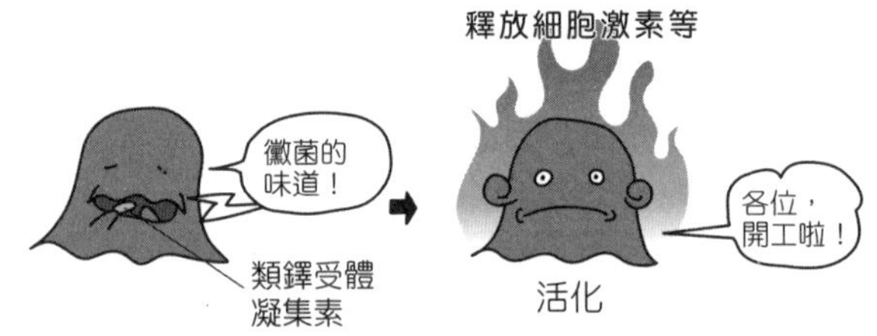

吞噬細胞的細胞表面受體

活化的吞噬細胞會釋放**細胞激素**（cytokine），發出警報。細胞激素是細胞釋放出來，去對另一細胞作用的物質總稱，類似荷爾蒙，會對周遭細胞發出指令，例如「請分化」、「請增殖」、「開工」等。

細胞外的受體擁有什麼分子呢？

一九九〇年代後半，科學家陸續發現許多偵測病原體的分子，最具代表性的是**類鐸受體**（Toll-like receptor：TLR）。

老師，這個受體是二〇一一年獲得諾貝爾生理學暨醫學獎的學者所發現的分子吧。當年的某個得獎主題就是在談類鐸受體。在這個領域中，日本的審良靜男老師很有貢獻喔。

你好了解啊！

呵呵，我將來想進入傳播媒體業嘛。

類鐸受體主要表現在吞噬細胞，大約有十種，如**圖 3-1**。它們分工合作，偵測各種細菌和病毒。你們目前不必記得哪個分子要偵測什麼，可是請記得 TLR4 可辨識來自細菌的LPS（脂多醣，lipopolysaccharide）。

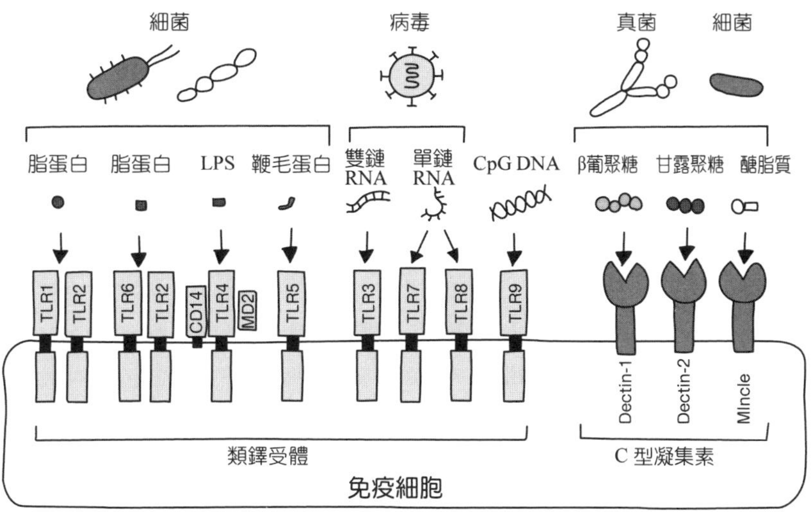

圖 3-1　偵測病原體的細胞表面受體（摘錄自：《更加了解！免疫學》，河本宏，日本羊土社，2011）

此外，目前已知，凝集素的受體有數種，功能主要是偵測真菌等。

細胞是利用類鐸受體或凝集素，去黏附病原體，以進行吞噬嗎？

許多人會如此誤解，但其實不是這樣。受體不會判斷是否進行吞噬，受體的作用是偵測病原體，並發出警報。

細胞質內部的受體

最後我們來談細胞質內部的受體。細胞質內部的受體廣泛分布於人體細胞，當細菌、病毒侵入人體細胞，來自病原體的分子會進入細胞質，因而被細胞質內部的受體偵測到。

猶如住家的防盜器！

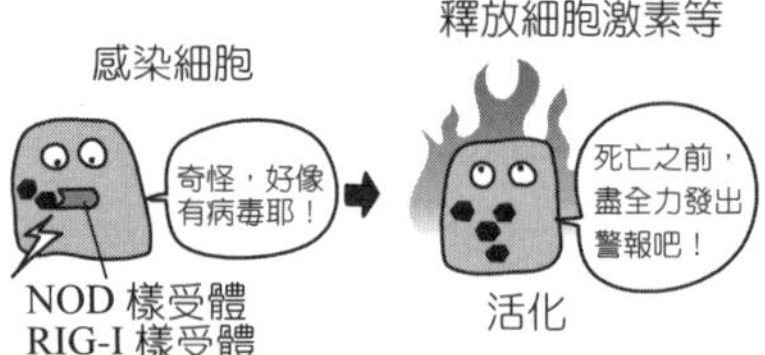

人體細胞的細胞質內部受體

沒錯。細胞質內部受體包括**NOD樣受體**（NOD-like receptor：NLR），以及 **RIG-I 樣受體**（RIG-I-like receptor：RLR）等（**圖 3-2**）。NOD 樣受體家族的分子主要用來偵測細菌，目前已知，哺乳類有超過二十種，可分工合作偵測各種病原體的 NOD 樣受體分子。NOD 樣受體分子也會與某些訊息傳遞分子組成複合體——發炎體（inflammasome）。RIG-I 樣受體分子則擔任細胞質內部的病毒 RNA 與DNA 偵測器。

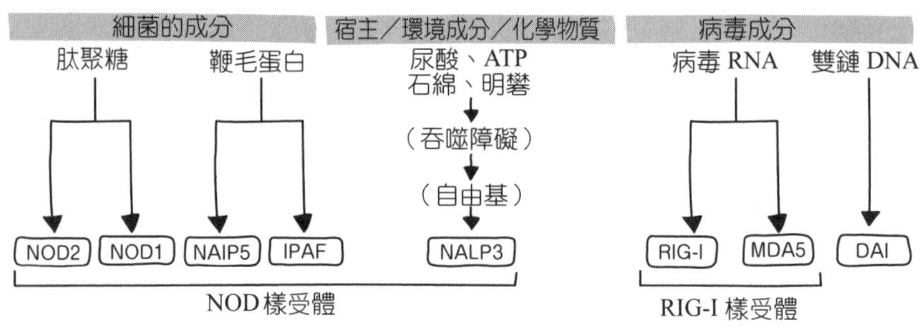

圖 3-2 細胞質內部受體對病原體成分的辨識

種類好多啊！

進行自我偵測所發出的警報

此外，有些可偵測病原體的受體，還具有偵測細胞本體異常的功能，這點很重要喔。

「異常」是指什麼情況呢？

細胞死亡或是組織被破壞，細胞質內部的許多物質會被釋放出來，例如：細胞核內蛋白質（HMGB1 等）、DNA、ATP、尿酸。這些免疫系統的刺激物統稱為**損害相關分子模式**※，簡稱DAMPs。

有專門偵測「損害相關分子模式」的分子嗎？

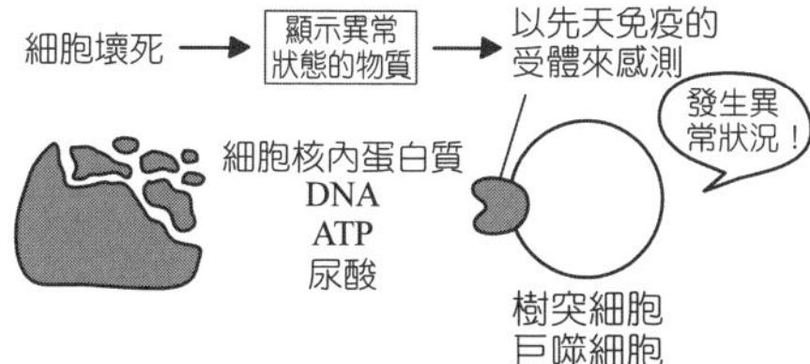

先天免疫的受體可偵測異常狀況

類鐸受體和凝集素也有這種功能；NOD樣受體則有NALP3分子，可偵測損傷訊息；NALP3 不僅會偵測尿酸和ATP等損害相關分子，還會偵測矽酸、石綿等外來的環境分子。

為什麼一個分子能偵測這麼多種外來物呢？

舉例來說，NALP 不是直接辨識外來物，而是吞噬細胞吃了這些外來物，使壓力升高，產生異常狀況，才會發出警報——釋放各種細胞激素。以此方式即可偵測多種外來物。

※ Damage Associated Molecular Patterns：DAMPs

3-5✚從先天免疫系統進入後天免疫系統的橋樑

樹突細胞的形
狀好奇怪喔。
嗯？

樹突細胞雖然長
得不起眼，卻背
負著獲得諾貝爾
獎的重責大任
喔。
我們看圖
說明吧。

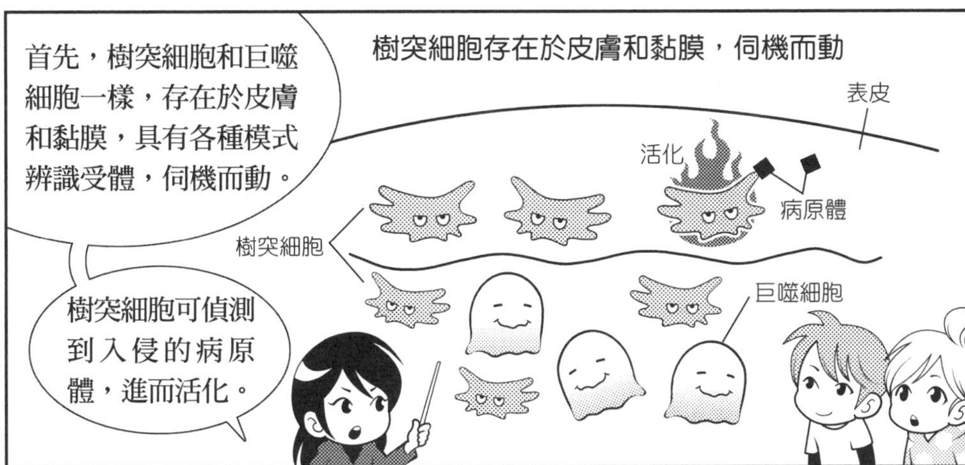

首先，樹突細胞和巨噬
細胞一樣，存在於皮膚
和黏膜，具有各種模式
辨識受體，伺機而動。
樹突細胞可偵測
到入侵的病原
體，進而活化。
樹突細胞存在於皮膚和黏膜，伺機而動
表皮
活化
病原體
樹突細胞
巨噬細胞

活化的樹突細胞，會隨
著淋巴液進入淋巴結。
這點很重要！
樹突細胞吞噬病原體
後，進入淋巴結
受傷
淋巴結
給你！
收到！
T 細胞
情報傳遞
樹突細胞
病原體
接著，樹突細胞
將病原體的抗原
呈現給 T 細胞，
啟動專一性免疫
反應。
原來如此～先天免
疫和後天免疫，於
此產生連結！

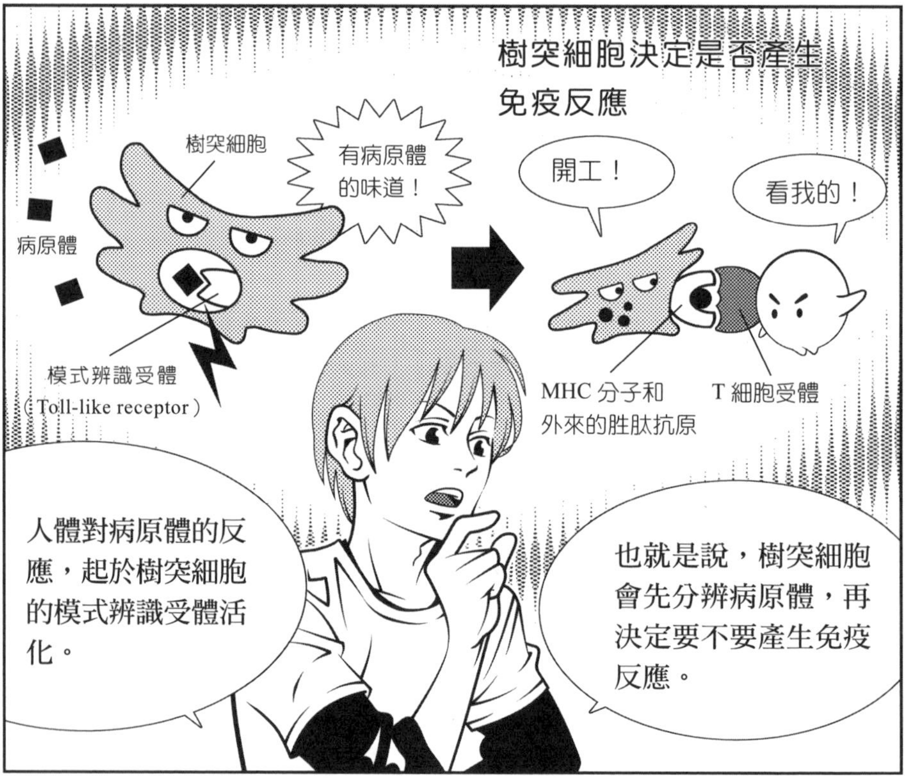

樹突細胞決定是否產生免疫反應

樹突細胞

病原體

有病原體的味道！

模式辨識受體（Toll-like receptor）

開工！

看我的！

MHC 分子和外來的胜肽抗原

T 細胞受體

人體對病原體的反應，起於樹突細胞的模式辨識受體活化。

也就是說，樹突細胞會先分辨病原體，再決定要不要產生免疫反應。

聽了這堂課，我終於懂了……
嗯？懂什麼？

二〇一一年的諾貝爾生理學暨醫學獎，有一個主題是「先天免疫系統的受體發現」，
還有一個題目是「樹突細胞及其在後天免疫的運作機制」。我以為這兩個題目只是剛好同時獲獎。

原來這兩者其實有所關聯啊……
？
滑——

呵呵呵

沒錯！
妳真聰明。

阿羅羅木老師！
您來啦？

退步

停！

免

疫

嗯，
我來囉。

呵呵
年輕人來學習免疫學呀，真不錯～
我聽了一下，德井，妳上得不錯喔。
阿羅羅木滿成
（年齡不詳）
城北大學名譽教授

妳是鈴波同學？
感謝老師的誇獎。

如妳所說，二〇一一年的諾貝爾生理學暨醫學獎得獎主題，並非兩個不同的主題，而是在「啟動後天免疫系統的細胞及其受體」上彼此相關。

有人認為類鐸受體（Toll-like receptor）是先天免疫系統中，最早被發現的受體。
而人們在很早以前，就已發現許多先天免疫系統的模式辨識受體。

是的，很久以前，人們即知道凝集素等吞噬受體。
類鐸受體的發現能獲得諾貝爾獎，與後天免疫系統有關。
什麼！很早就發現？

二〇一一年類鐸受體能獲獎，是因為此研究發現了先天免疫系統與後天免疫系統的關聯呀。
嗯……應該說，很久以前免疫學者就知道「誘導抗體需要佐劑」，
而類鐸受體的主題獲獎，是因為此研究找到可能的佐劑分子，並鑑定出來。

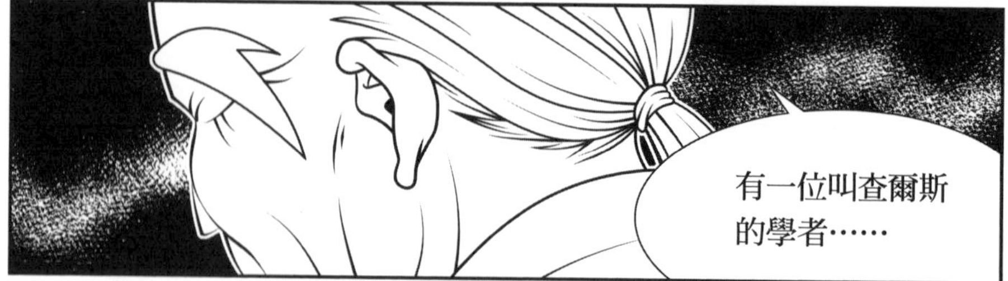
有一位叫查爾斯的學者……

查爾斯・詹衛（1943～2003，Charles A. Janeway，美國免疫學家）
他在很早以前，便以理論推斷出模式辨識受體的存在，
哺乳類的類鐸受體，也是查爾斯最早發現的……
咦？可是他沒有得諾貝爾獎啊。

因為他太早逝世。
如果他還活著，毫無疑問，得獎的應該是他。

老師……
對了，德井！
驚
嚇
是！
聽說最近有一些人的研究，跟妳正在做的研究很像，妳確認過了嗎？
呵呵
什麼？哪一本期刊？
震驚

真的耶，等一下我再仔細讀一讀。

我先走一步啦……

阿羅羅木老師被稱為免疫學仙人，但他可不是不食人間煙火的那種仙人。
他正在經營一間研究所資助的研究室，還開了公司，非常活躍。

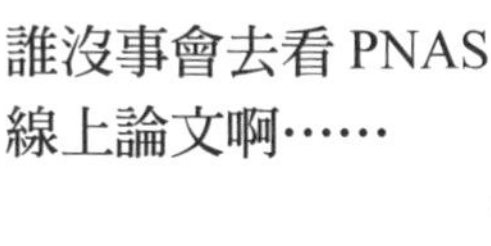

誰沒事會去看 PNAS 線上論文啊……
連高原老師都拿阿羅羅木老師沒轍呢。
這個你讀過了嗎——
嗯——
啊——
能夠和他討論各種研究，的確非常有幫助，可是……

阿羅羅木老師總是神出鬼沒，妳要小心喔！
太好了！就這麼決定！鈴波同學來當我們的擋箭牌吧！
抓
緊
咦？什麼？擋箭牌？

天真無邪——
阿羅羅木老師好像會全身發光耶，好想再多聽他說話喔。

❖ 補體

補體是存在於血清、組織液、細胞膜表面的蛋白質分子，會執行重要的免疫反應，可藉由複雜的級聯反應（cascade reaction）活化，下文將利用簡單的圖示來說明（圖 3-3）。

引起補體反應的關鍵是，在病原體等目標物的表面，形成的C3 轉化酶分子。活化補體的途徑有三，包括經典途徑（classical pathway）、凝集素途徑（lectin pathway）、替代途徑（alternative pathway）。經典途徑藉由抗體與病原體的結合來活化，從演化觀點來說，這是一條很新的途徑，但因最早被人們發現，所以稱為古典途徑；凝集素途徑是藉由結合外來物的凝集素分子來活化，甘露糖結合凝集素（mannose-binding lectin, MBL）或Ficolin會與病原體的特定糖鏈結合；替代途徑是利用在血清中，形成C3 轉化酶分子，所產生的C3b，直接與病原體結合來活化。

接下來，補體活化會產生三種作用。第一種，活化的補體分子會成為調理素，促進吞噬細胞的吞噬作用，這是因為吞噬細胞具有補體受體；第二種，補體分子一個個產生連鎖反應，與病原體表面結合，最後在病原體的膜上打洞，傷害病原體；第三種，在連鎖反應過程中，被切掉的補體分子碎片會增加血管通透性，使肥大細胞活化，促進發炎反應。

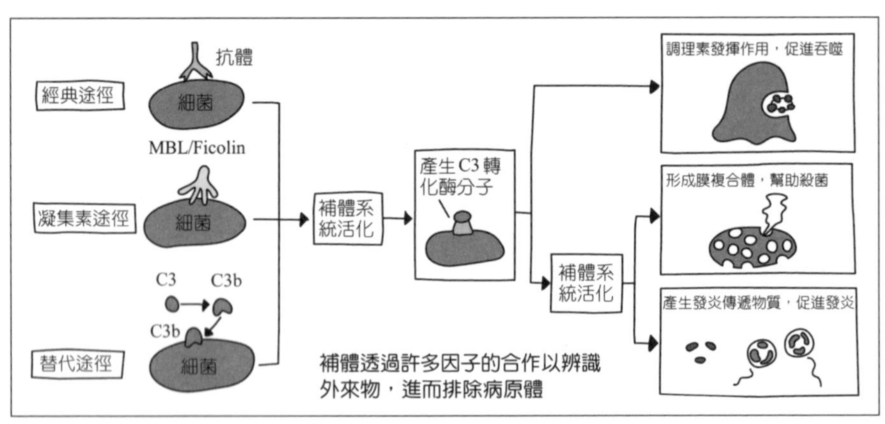

圖 3-3　補體反應的途徑與作用

❖ 干擾素

干擾素（Interferon, IFN）是一種細胞激素，是引起抗病毒反應的關鍵分子（細胞激素是細胞所分泌的免疫物質）。對脊椎動物來說，干擾素是先天免疫與後天免疫的重要因素。人體的很多細胞都會產生干擾素，其中，以吞噬細胞和上皮細胞為主。干擾素的作用是誘導細胞產生阻止病毒複製的分子，以及促進各種免疫細胞的活化。干擾素也會對受病毒感染的細胞產生作用，提升抗原呈現的活性，並促使殺手T細胞摧毀感染細胞。

❖ 無脊椎動物只有先天免疫系統

後天免疫系統是脊椎動物才有的，但在整個動物界中，脊椎動物佔不到5%，數量稀少，無脊椎動物則佔動物界的95%，也就是說，全世界95%的動物都只有先天免疫系統（圖 3-4）。

無脊椎動物的先天免疫系統，和我們目前為止所學的免疫系統大致相同。在動物界，從昆蟲到低等動物都可運用抗菌胜肽、溶菌酶等進行殺菌，這些抗菌分子大多存在於體表或腸道所分泌的黏液。此外，C反應性蛋白也很常見。凝集素同樣很常見，它可以直接結合病原體的某些糖基，增加病原體被吞噬細胞吞噬的機會。而棘皮動物、脊椎動物的補體系統很發達。許多動物都有類鐸受體和C型凝集素的機制，不過，目前無人發現無脊椎動物具有類RIG-I受體（RIG-I-like receptor）和干擾素。

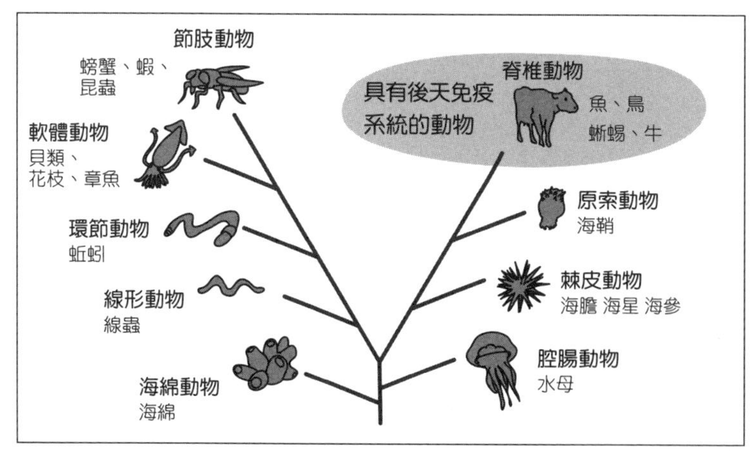

圖 3-4　動物的免疫系統樹狀圖

❖ 八目鰻的後天免疫系統

無顎類是脊椎動物現存的最原始魚類，例如八目鰻。由於八目鰻沒有T細胞受體與抗體的基因，因此人們原本認為它不具有後天免疫系統。但是在二〇〇四年，研究者發現八目鰻具有一種獨特的後天免疫系統，大吃了一驚。八目鰻的 **VLR**（variable lymphocyte receptor）可變成淋巴細胞受體，它位於細胞表面，具有抗原受體的作用（圖 3-5）。不同於T細胞受體和抗體的基因，VTR基因具有多樣性，可應付各種外來物。近來的研究更發現，具有VLR的細胞甚至具有近似於T細胞和B細胞的作用。

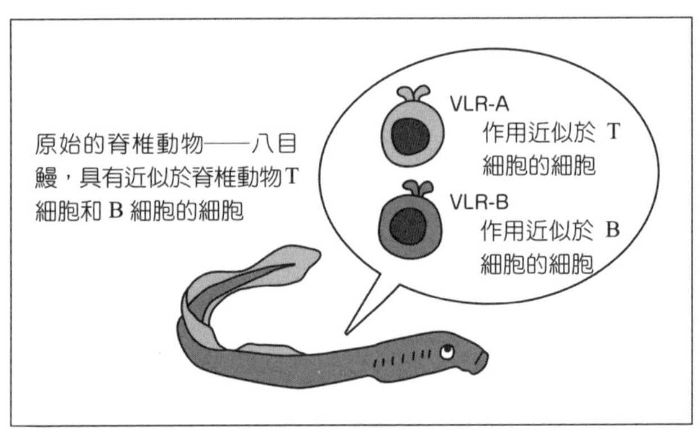

圖 3-5 八目鰻獨特的後天免疫系統

第 4 章

抗原專一性的免疫反應機制

這章請劃重點喔！

第 4 堂課

六月——學習免疫學的重要觀念

4-1 ✣ 免疫反應的各種角色

咦？不就是 T 細胞和 B 細胞遇到抗原會增殖嗎？
如果有這麼單純，你們就不必學得這麼辛苦啦。仔細聽我上課吧。
呵呵呵
首先，
對抗原來說，免疫反應的結果是什麼？

B 細胞會製造抗體，而殺手 T 細胞會消滅受感染的細胞。
B 細胞
製造抗體
殺！
不要怪我啊～
殺死感染細胞
殺手 T 細胞

沒錯。
吃掉病原體
好吃 好吃
巨噬細胞
不過，其實吞噬細胞也會吃掉病原體。

咦？
吞噬細胞不是屬於先天免疫系統嗎？

接下來，我來解說一些名詞吧。

後天免疫系統的細胞與反應

體液性免疫

抗原

抗體

B 細胞

細胞性免疫

巨噬細胞

殺手 T 細胞

抗體反應稱為**體液性免疫**（**humoral immunity**），是指 B 細胞所引發的免疫反應。而吞噬細胞與殺手 T 細胞的反應則合稱為**細胞性免疫**（**cellular immunity**）。

接下來，我們以實際的例子，來探討病原體侵入人體所引發的事吧。

4-2 ✣ 細胞攜手合作

我有預習，
大概是這樣吧……

輔助性 T 細胞會釋放細胞激素，調控、輔助其他會對這些細胞激素產生反應的淋巴細胞。

樹突細胞
輔助性 T 細胞
細胞激素
細胞激素
細胞激素
抗體
體液性免疫
巨噬細胞
細胞性免疫
感染細胞
殺手 T 細胞

沒錯，這就是偵測後，細胞激素指引的免疫反應方向。
討厭~你又偷跑~
哼
沒有啦，我只有預習基本的內容。
什麼偷跑……
一般教科書都是這樣寫啦……
我來打分數
但是！
啵
這部分的圖解，雖然不算錯，但沒有確切呈現事實。
60
它沒有把免疫反應的本質表現出來！
咦！真的嗎？

這是抗原專一性的免疫反應。

大火燃燒

巨噬細胞

我會製造抗體喔~

B 細胞

B 細胞會針對病原體，製造專一性抗體。

殺手 T 細胞

吃掉病原體的巨噬細胞會被活化。

感染病原體的細胞會被殺手 T 細胞消滅。

三江路，你能用細胞激素的指令來說明這些反應嗎？

你懂嗎？

這麼說來，針對病原體的抗體的確是由B細胞所分泌的……輔助性 T 細胞到底如何協助活化 B 細胞呢？

這裡有個大重點。

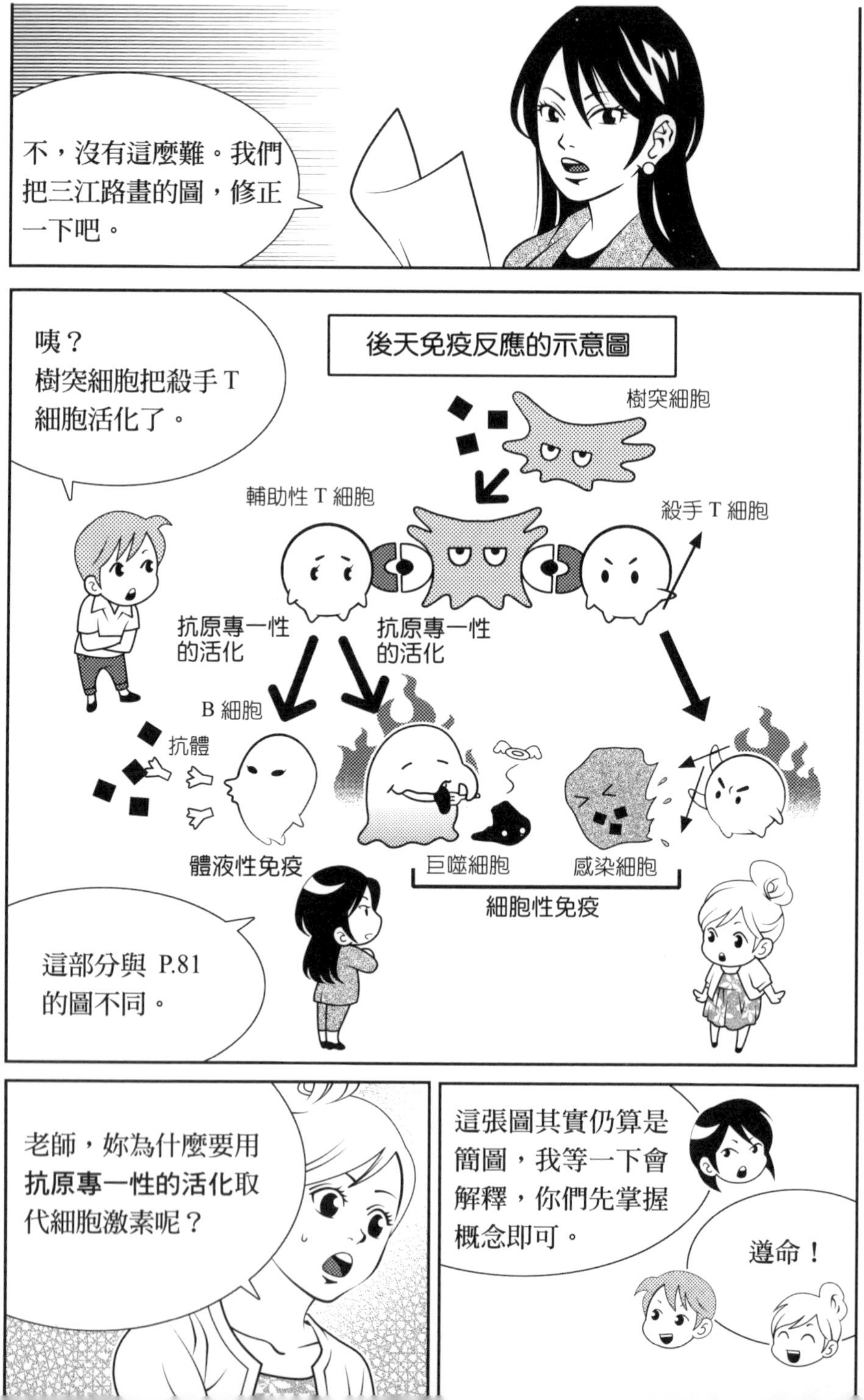

咦？
樹突細胞把殺手 T 細胞活化了。

後天免疫反應的示意圖

樹突細胞
輔助性 T 細胞
殺手 T 細胞
抗原專一性的活化
抗原專一性的活化
B 細胞
抗體
體液性免疫
巨噬細胞
感染細胞
細胞性免疫

這部分與 P.81 的圖不同。

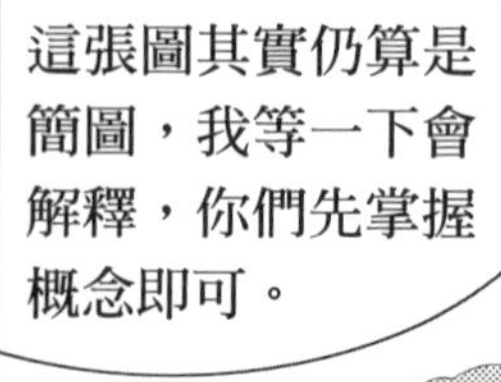

4-3 ✣ 產生專一性抗體的機制

我們照順序解釋吧！

樹突細胞會進入淋巴結，停留在這裡，輔助性 T 細胞則輪流接觸樹突細胞，檢查樹突細胞的 MHC 分子和胜肽，是否與 T 細胞受體（TCR）吻合。

沒錯，不過可完全通過檢查的，只有非常少數的輔助性 T 細胞，這些與抗原分子結合的輔助性 T 細胞會被刺激，進而活化。

輔助性T細胞活化前，稱為**初始細胞**（naïve cell）；活化以後，稱為**作用細胞**（effector cell）。

樹突細胞與輔助性 T 細胞的活化

病原體

樹突細胞

有危險的氣味！

呈現！

嗶

檢查合格！

周邊組織

刺激

初始輔助性 T 細胞

增殖！進行輔助作用吧！

淋巴結

輔助性 T 細胞產生作用

接著，輔助性T細胞進行「細胞株增殖」，數量變多，開始發揮輔助作用。

我的參考書有寫到這一部分耶。

抗原與B細胞受體結合以後，會發生一件大事……

與B細胞受體（抗體）結合的抗原，會被B細胞吞噬。

病原體的抗原

B 細胞會把抗原吞進去。

吃下去的抗原會呈現出來。

什麼？B細胞會吞噬外來物？
我不是只會製造抗體喔～～！

是的，不過 B 細胞不像巨噬細胞和嗜中性球，它不會將整個病原體吞掉。
B 細胞吃的是病原體小碎片，或是溶於血液的分子。另外，如果病原體很小，也可能整個被B細胞吞噬。

B 細胞將抗原吞噬、消化，轉換成抗原段片（胜肽），接著與 MHC 分子結合，產生呈現作用。
接下來，B細胞便會等待和T細胞的相遇。
T細胞，你在哪裡？
左顧
右盼

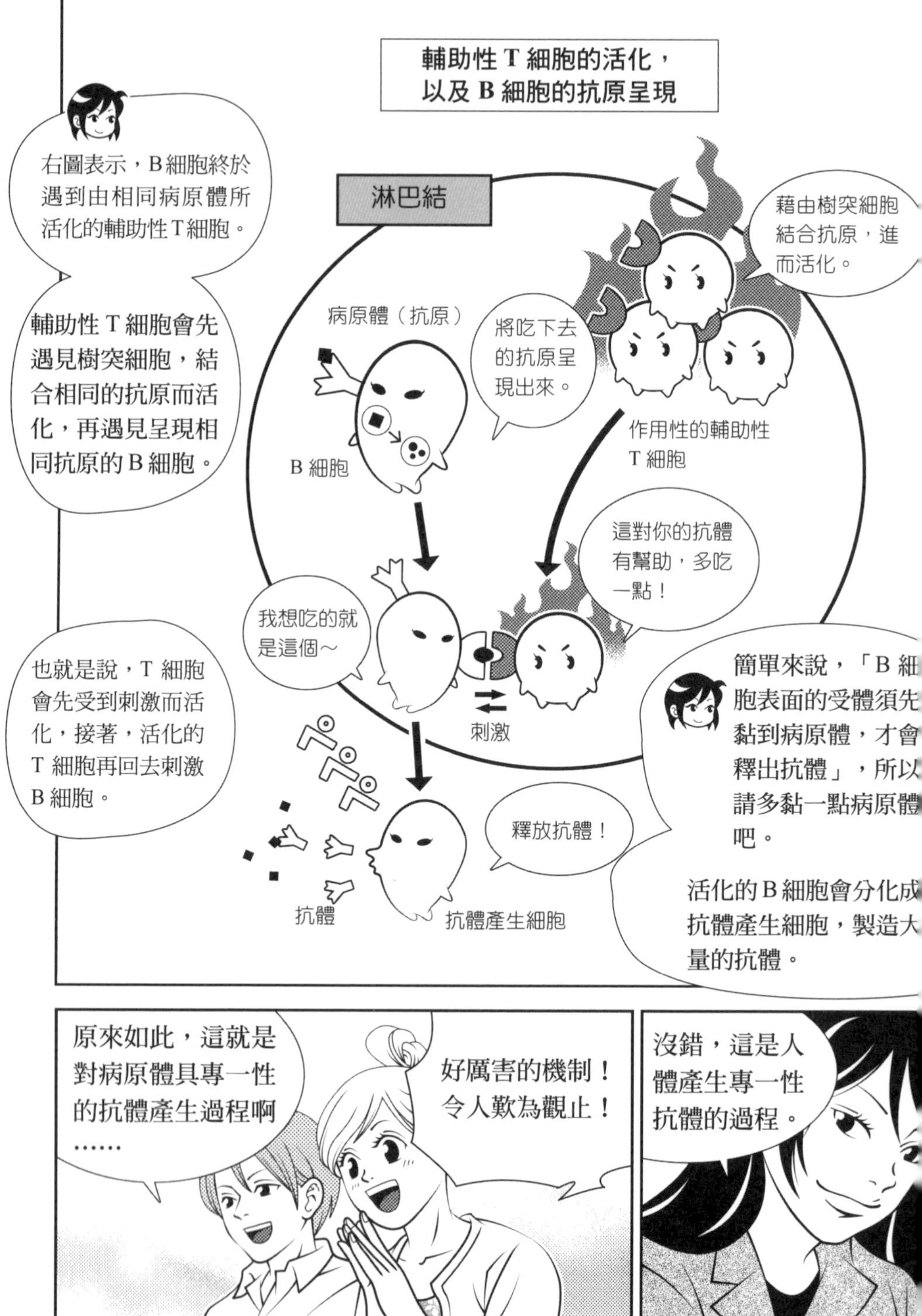
輔助性 T 細胞的活化，
以及 B 細胞的抗原呈現
右圖表示，B細胞終於遇到由相同病原體所活化的輔助性T細胞。
輔助性 T 細胞會先遇見樹突細胞，結合相同的抗原而活化，再遇見呈現相同抗原的B細胞。
淋巴結
藉由樹突細胞結合抗原，進而活化。
病原體（抗原）
將吃下去的抗原呈現出來。
B 細胞
作用性的輔助性 T 細胞
這對你的抗體有幫助，多吃一點！
我想吃的就是這個～
刺激
也就是說，T 細胞會先受到刺激而活化，接著，活化的 T 細胞再回去刺激 B 細胞。
簡單來說，「B 細胞表面的受體須先黏到病原體，才會釋出抗體」，所以請多黏一點病原體吧。
釋放抗體！
抗體
抗體產生細胞
活化的B細胞會分化成抗體產生細胞，製造大量的抗體。
原來如此，這就是對病原體具專一性的抗體產生過程啊……
好厲害的機制！令人歎為觀止！
沒錯，這是人體產生專一性抗體的過程。

4-4 ✣ 細胞性免疫的機制

輔助性T細胞的抗原專一性活化會促進巨噬細胞的活化

增殖、出動！進行輔助作用！

這裡有好多病原體耶……

淋巴結

周邊組織

巨噬細胞會跑到病原體（抗原）侵入點的附近，吞噬、消化病原體，且呈現於表面的 MHC 分子。

它和 B 細胞一樣，「會把吃下去的抗原呈現出來」。

把吃下去的抗原呈現出來！

附近有很多同樣的病原體，加油！

刺激

努力工作！

此時，活化的輔助性 T 細胞會過來，結合巨噬細胞的「MHC分子-胜肽結合體」，

接著，輔助性 T 細胞會被活化，再回去使巨噬細胞活化。

活化的巨噬細胞，吞噬與殺死病原體的作用會增強，且會產生引起發炎反應的細胞激素。

巨噬細胞本身雖然沒有特定抗原的受體，可是它接受輔助性T細胞的幫助，即可對特定的抗原增強作用。

是的。舉例來說，對結核病菌免疫者注射結核菌素液（Tuberculin），兩天後，他的皮膚會紅腫（結核菌素反應，tuberculin reaction）。這種皮膚紅腫發炎的反應，即是輔助性 T 細胞和巨噬細胞作用的結果。

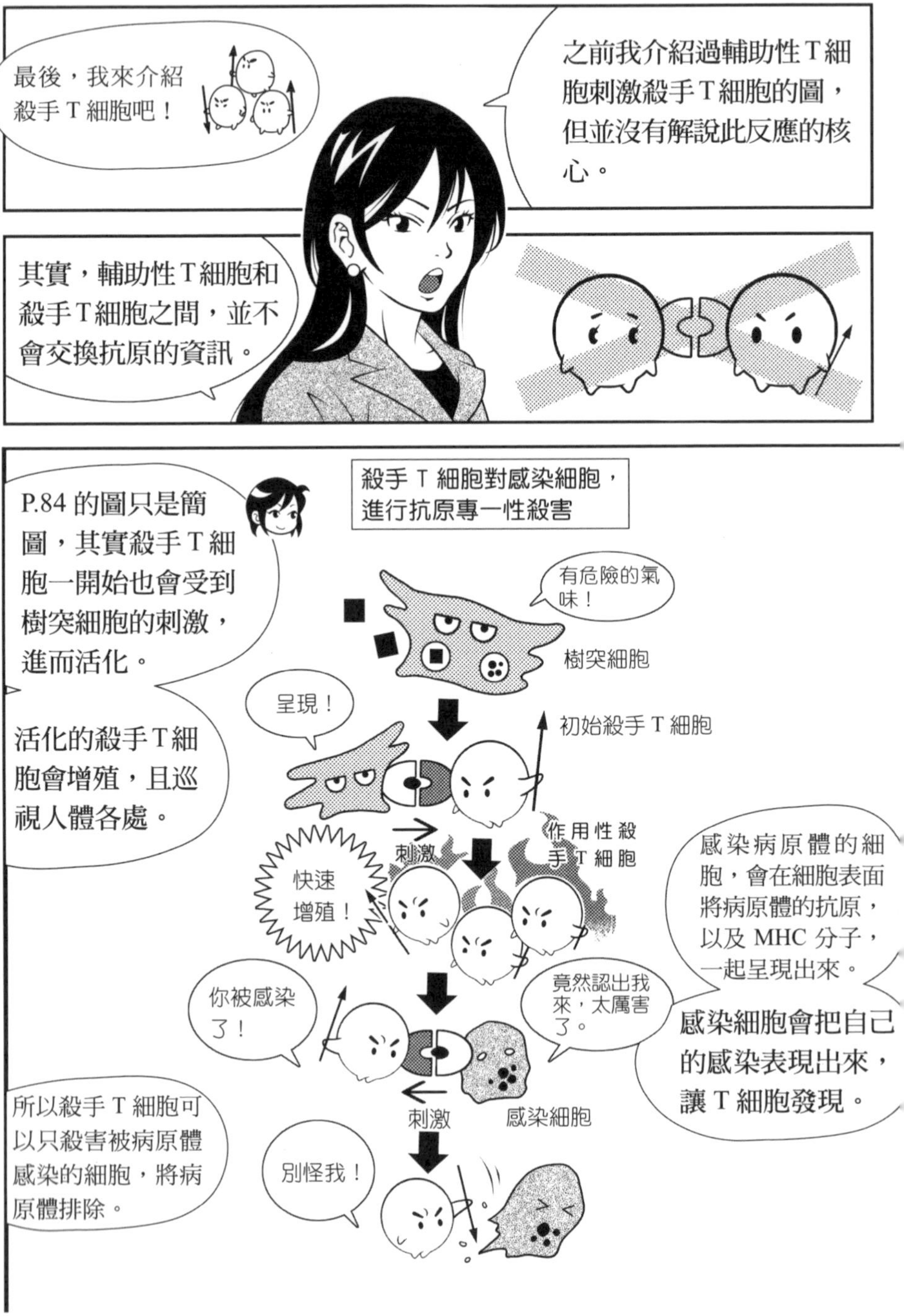

P.84 的圖只是簡圖，其實殺手 T 細胞一開始也會受到樹突細胞的刺激，進而活化。

殺手 T 細胞對感染細胞，進行抗原專一性殺害

有危險的氣味！

樹突細胞

呈現！

初始殺手 T 細胞

活化的殺手T細胞會增殖，且巡視人體各處。

刺激

作用性殺手 T 細胞

快速增殖！

感染病原體的細胞，會在細胞表面將病原體的抗原，以及 MHC 分子，一起呈現出來。

你被感染了！

竟然認出我來，太厲害了。

感染細胞會把自己的感染表現出來，讓 T 細胞發現。

刺激

感染細胞

所以殺手 T 細胞可以只殺害被病原體感染的細胞，將病原體排除。

別怪我！

原來如此，這就是抗原專一性的來由呀。
嗯……可是我讀到的書好像是寫，殺手T細胞遇到感染的細胞，才開始活化耶。

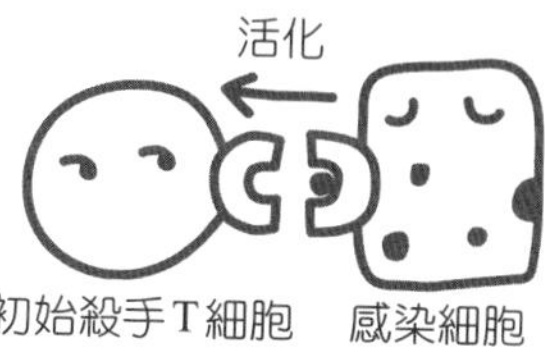
活化
初始殺手T細胞
感染細胞

一般書籍的確是這樣寫，但其實這不正確。
已經活化的殺手T細胞，必須遇到感染細胞，才會更加活化。但初始殺手T細胞第一次遇到感染細胞時，並不會活化。

我懂了～
……
……

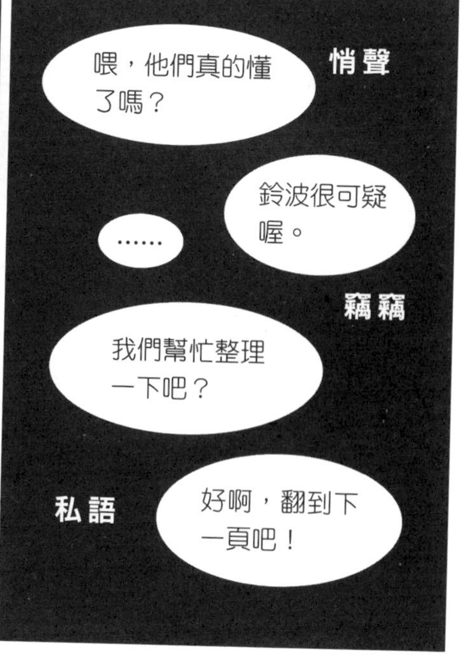
悄聲
喂，他們真的懂了嗎？
鈴波很可疑喔。
……
竊竊
我們幫忙整理一下吧？
私語
好啊，翻到下一頁吧！

本章總整理

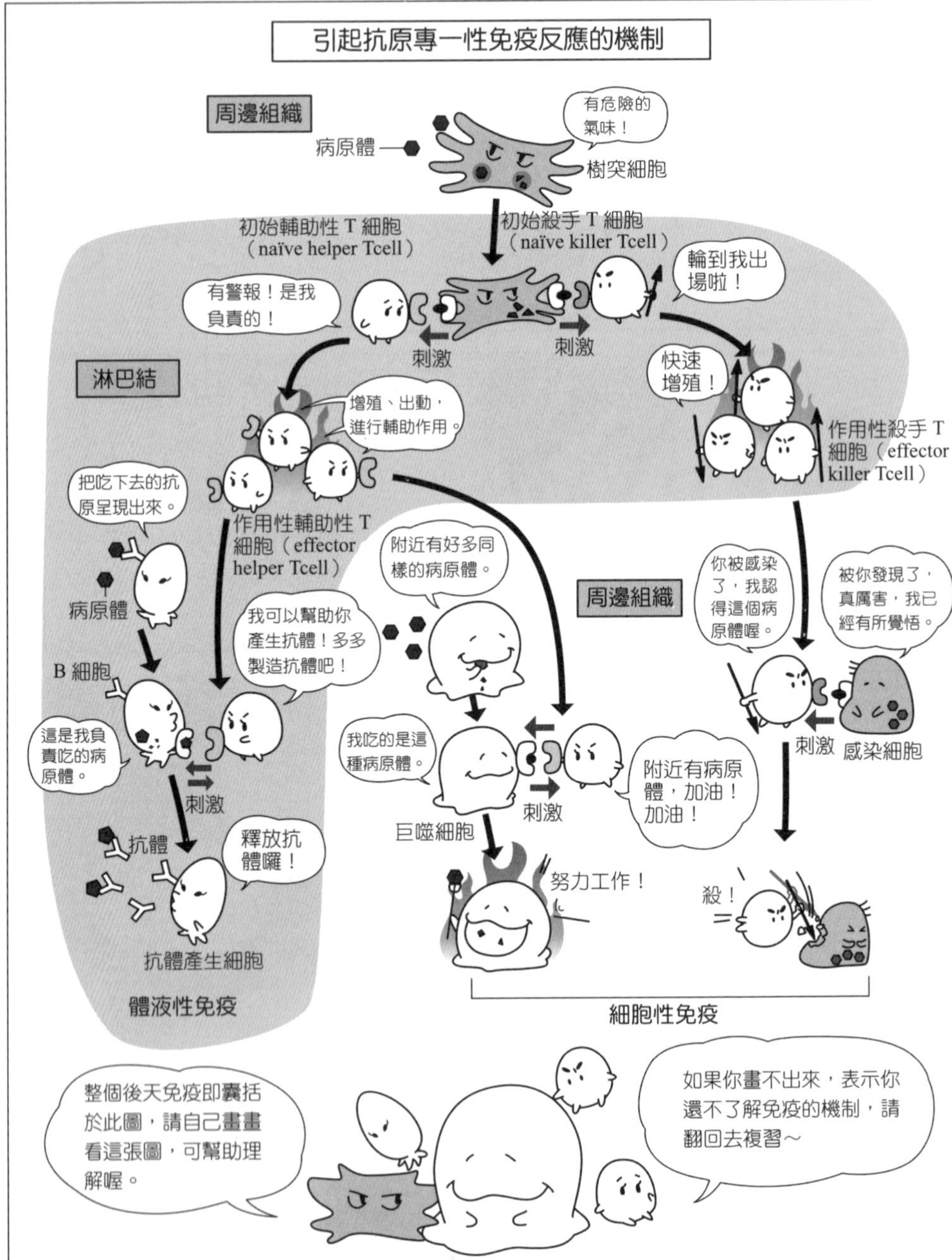

引起抗原專一性免疫反應的機制
周邊組織
有危險的氣味！
病原體
樹突細胞
初始輔助性 T 細胞（naïve helper Tcell）
初始殺手 T 細胞（naïve killer Tcell）
有警報！是我負責的！
輪到我出場啦！
刺激
刺激
淋巴結
快速增殖！
增殖、出動，進行輔助作用。
作用性殺手 T 細胞（effector killer Tcell）
把吃下去的抗原呈現出來。
作用性輔助性 T 細胞（effector helper Tcell）
附近有好多同樣的病原體。
周邊組織
你被感染了，我認得這個病原體喔。
被你發現了，真厲害，我已經有所覺悟。
病原體
我可以幫助你產生抗體！多多製造抗體吧！
B 細胞
這是我負責吃的病原體。
我吃的是這種病原體。
刺激
感染細胞
刺激
附近有病原體，加油！加油！
刺激
巨噬細胞
抗體
釋放抗體囉！
努力工作！
殺！
抗體產生細胞
體液性免疫
細胞性免疫
整個後天免疫即囊括於此圖，請自己畫畫看這張圖，可幫助理解喔。
如果你畫不出來，表示你還不了解免疫的機制，請翻回去複習～

第 4 章　補充 | Follow Up

❖ 第一型MHC分子（class I）與第二型MHC分子（class II）

1）兩種MHC分子

MHC（主要組織相容性複合物，Major Histocompatibility Complex）分子須與抗原結合，才能將抗原呈現給T細胞。MHC分子是一種細胞表面的醣蛋白複合物，人類的MHC醣蛋白又稱為人類白血球抗原群（human leukocyte antigens，HLA）。

MHC分子主要分成兩種蛋白質，稱為**第一型MHC分子**（class I）與**第二型MHC分子**（class II）。兩者的抗原呈現機制差異很大。下文我們將以圖示來對照與觀察這兩種形式（圖 4-1）。

2）第一型MHC分子呈現細胞質內部的抗原

細胞質裡面的蛋白質被分解成胜肽抗原後，第一型MHC分子就會和這些胜肽結合，一起被運送到細胞膜並呈現出來。無論細胞質裡面的蛋白質是細胞自己的或外來的，第一型MHC分子都會予以呈現。如果第一型MHC分子呈現的胜肽是外來的蛋白質，等於發出了「我被感染」的警告。

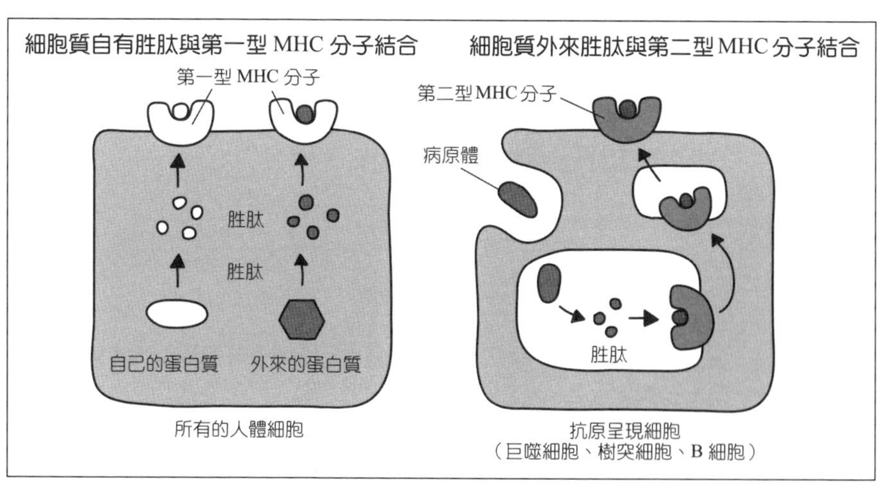

圖 4-1　兩種主要組織相容性複合物（MHC）

第一型MHC分子存在於人體所有「有核的」細胞，只有紅血球例外，這令人誤以為所有細胞都是抗原呈現細胞。實際上，「抗原呈現細胞」這個名詞一般是指表現出第二型MHC分子的細胞。

3) 第二型MHC分子呈現被吞噬的抗原

吞噬作用所吃下的病原體，在吞食體中分解而成的胜肽，會被第二型MHC分子呈現出來。第二型MHC分子藉此發出「附近有敵人」的訊息，使免疫系統活化，摧毀外來物。

原則上，巨噬細胞、B細胞、樹突細胞等具有吞噬作用的細胞都會表現第二型MHC分子，使抗原呈現細胞能將抗原呈現給輔助性T細胞。但是吞噬細胞也會吃掉自己的細胞殘骸，所以第二型MHC分子也會呈現自己的胜肽。

4) 樹突細胞所吞噬的抗原，可呈現於第一型MHC分子

此節要介紹一個特別的機制：樹突細胞具有「吞噬的抗原會呈現到第一型 MHC 分子」的特性，這個功能稱為**交叉抗原呈現（cross-presentation）**（圖 4-2）。這是樹突細胞將抗原呈現給殺手T細胞的方式。

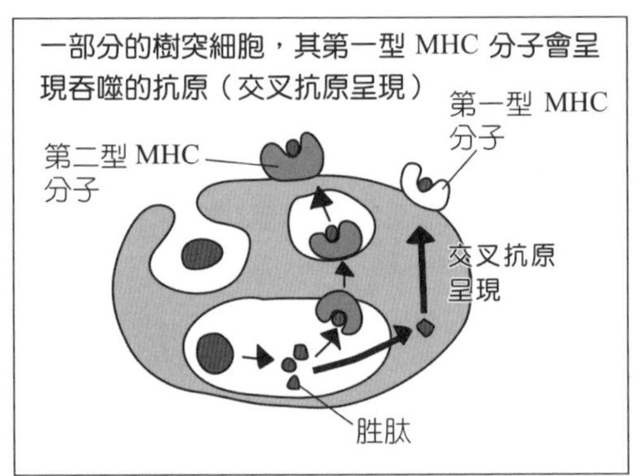

圖 4-2 交叉抗原呈現的機制

5) 輔助性T細胞會辨識「第二型MHC分子與胜肽的結合體」

了解第一型和第二型MHC分子的抗原呈現途逕後，我們來回顧剛剛所學的免疫反應（圖 4-3）吧。

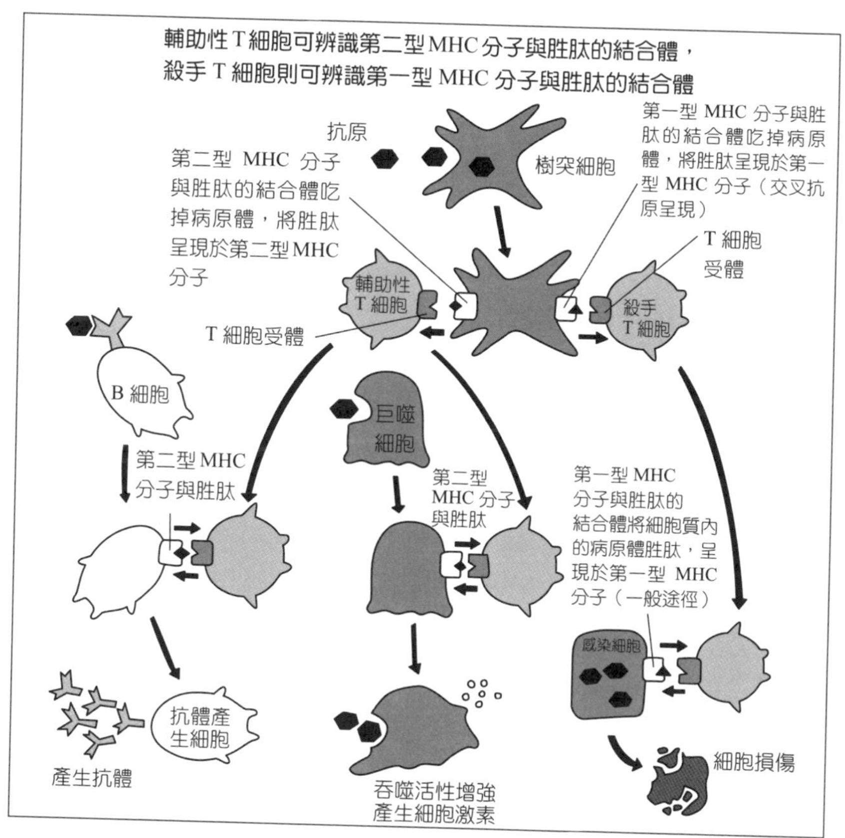

圖 4-3　第一型與第二型 MHC 分子的抗原呈現機制

樹突細胞（吞噬細胞的一種）吞入的病原體，會在吞食體中分解蛋白質，且產生胜肽抗原，接著與第二型MHC分子結合，最後呈現於樹突細胞表面。辨識出此抗原的輔助性T細胞，會開始活化、產生作用。

B細胞的功能亦近似於吞噬細胞。B細胞表面的抗體與病原體的抗原結合後，會將抗原吞入並分解，這時，B細胞會利用第二型MHC分子，將抗原分解而成的小分子胜肽呈現給T細胞（亦即，結合第二型MHC分子與胜肽）。這裡的T細胞是已被相同抗原活化的輔助性T細胞，輔助性T細胞會因B細胞上面的「第二型MHC分子與胜肽的結合體」，而再次活化，接著，活化的輔助性T細胞再回去活化B細胞。這就是針對病原體產生專一性抗體的過程。

巨噬細胞也會發生類似的情形。吃掉病原體的巨噬細胞，會以第二型MHC分子呈現抗原，使已具有專一性的輔助性T細胞活化，導致人體存有抗原的部位發炎。

6) 殺手T細胞會辨識「第一型MHC分子與胜肽的結合體」

如前所述，殺手T細胞必須辨識出「第一型MHC分子與胜肽的結合體」，進而活化，才可以殺死感染細胞。現在我們來探討，殺手T細胞如何接受樹突細胞的作用，進而活化吧。殺手T細胞的活化和殺死感染細胞一樣，必須將吞入的抗原呈現於第一型MHC分子，也就是說，殺手T細胞的活化必須透過交叉抗原呈現的機制，才能達成。

7) 輔助性T細胞會幫助殺手T細胞

輔助性T細胞具有幫助殺手T細胞的功能（**圖 4-4**）。這是經由樹突細胞所產生的間接機制。樹突細胞吞噬病原體後，抗原會經MHC分子標定並呈現出來，刺激輔助性T細胞的活化。輔助性T細胞活化後，也會回去刺激樹突細胞，讓它更加活化，藉此對殺手T細胞產生更強的刺激，幫助提升殺手T細胞的活性。這就是殺手T細胞與輔助性T細胞針對相同病原體的協同作用。但是如果病原體具有許多抗原分子，即使殺手T細胞與輔助性T細胞對同一個病原體進行反應，也不一定能對「同一個抗原」進行反應。

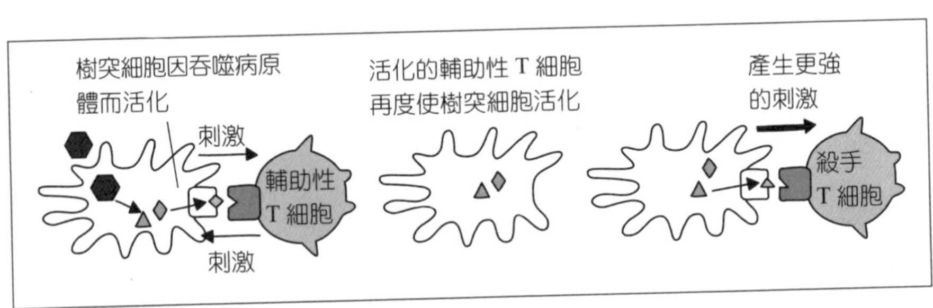

圖 4-4　輔助性T細胞幫助殺手T細胞的機制

❖ T細胞和B細胞會針對病原體的不同分子來進行合作

由上述內容可知，B細胞抗體的抗原辨識區（epitope※），與T細胞的抗原辨識區是相同的，因此能共同對付病原體。但實際上有些非蛋白質的小分子（又稱為半抗原或不完全抗原），若與來自其他種生物的蛋白質形成複合體，便會進行免疫作用，產生對應於這些小分子抗原（胜肽）的抗體，這就是我們接下來要探討的作用。

※抗原辨識區，epitope，又稱表位或抗原決定部位。抗原入侵人體時，免疫細胞並非透過辨識整個抗原，來行免疫作用，而是辨識抗原的某些特定部位。這些特定部位即為抗原辨識區。

圖 4-5 設半抗原（不完全抗原）小分子為X，而外來異種蛋白質為P。應該產生抗體（對應於X的抗體）的B細胞，會將X與P一起吞食；另一方面，P則會被樹突細胞吞入，分解成胜肽，由第二型MHC分子呈現出來，進而使抗原專一性的輔助性T細胞活化。此輔助性T細胞會透過P的專一性，使B細胞活化並產生對應於X的抗體。在這種產生抗體的誘導系統中，X **半抗原**※1（hapten）不屬於蛋白質，而P **載體**※2（carrier）則是蛋白質。

※ 1：半抗原是一種非蛋白質分子，若單獨存在，無法誘導細胞產生抗體，但結合蛋白質則可成為抗原，使細胞產生抗體。

※ 2：載體是一種分子，它與半抗原結合，便可誘導細胞產生對應於此半抗原的抗體。

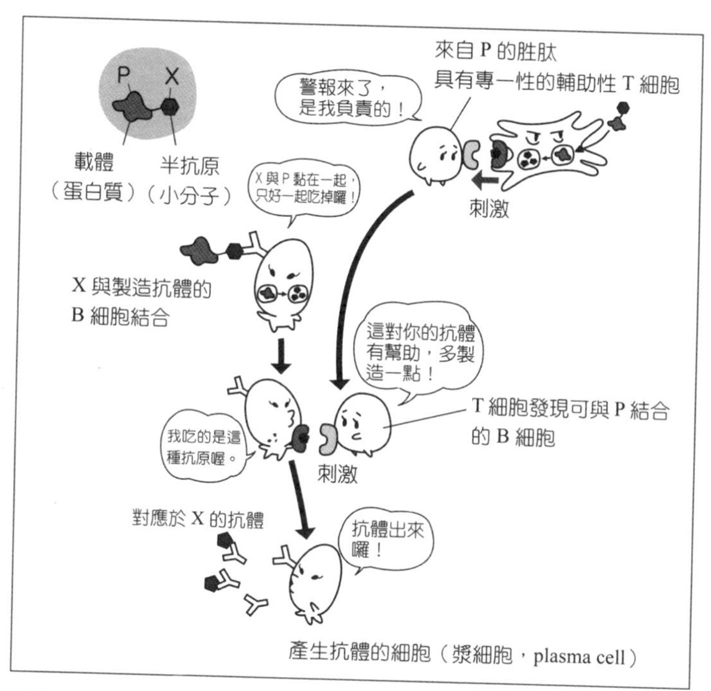

圖 4-5 T 細胞與 B 細胞的合作

❖ 細胞激素和協同刺激分子的功能

最後，此節要補充說明，當樹突細胞的「MHC分子-胜肽複合體」與T細胞受體結合，T細胞受體受到的刺激會造成T細胞活化，其實這個過程還包括了兩種細胞之間，細胞膜表面協同刺激分子的直接相互作用，以及細胞激素等可溶性分子輔助活化的功能。

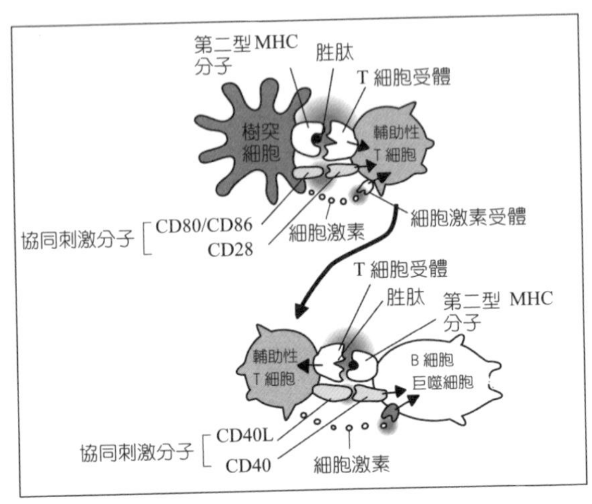

圖 4-6 協同刺激分子與細胞激素

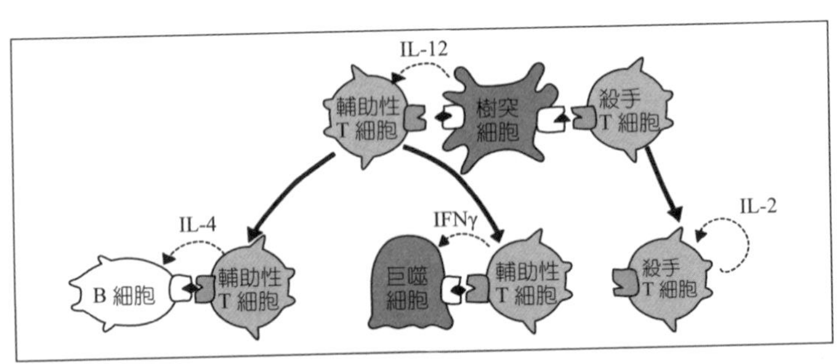

圖 4-7 後天免疫系統的主要細胞激素

另一方面，輔助性T細胞活化巨噬細胞或B細胞時，協同刺激分子與細胞激素也參與其中，其功能如圖 4-6 所示。這些T細胞分泌的細胞激素，不僅可活化與它結合的細胞，也對附近的細胞具有「抗原非專一性」的活化作用。其實協同刺激分子與細胞激素對細胞活化來說也很重要，但本章的重點在於「抗原的專一性刺激」，所以沒有多提。

本章提及的代表性細胞激素的作用，如圖 4-7 所示。細胞激素在免疫反應中，扮演著為各個細胞傳遞訊息的角色，圖中，細胞激素（interleukin）的英文縮寫為「IL」，又稱「介白素」。殺手T細胞分泌的IL-2 會回過來刺激殺手T細胞，使殺手T細胞的作用更強。

第 5 章

多樣性與自體耐受性

第 5 堂課

七月——在高原教授的研究室上課

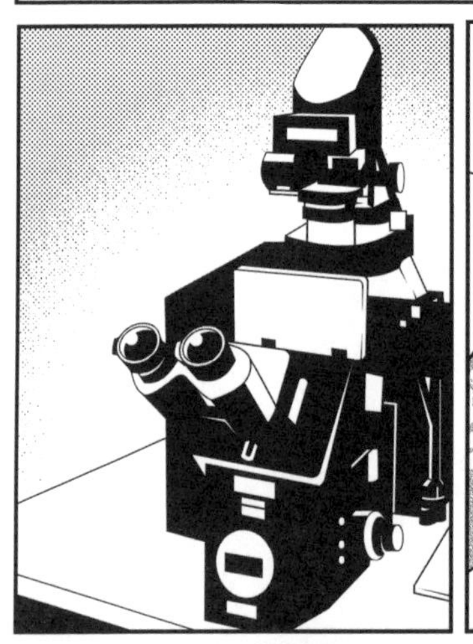

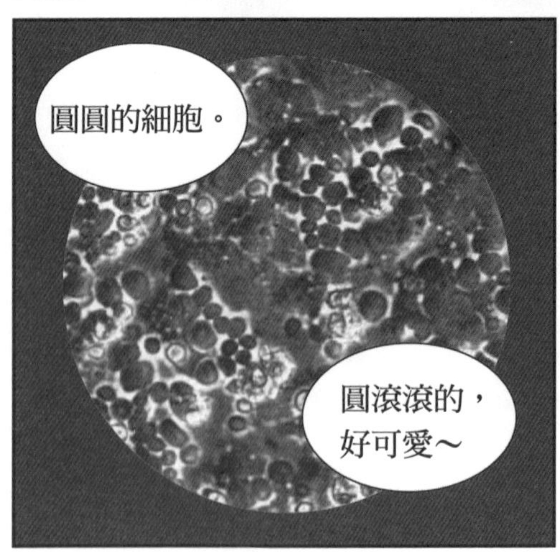

以前必須培養整個胸腺組織，才可培養出T細胞，

但現在可培養「餵養細胞」※（feeder cells，或稱支持細胞），誘導出 T 細胞。

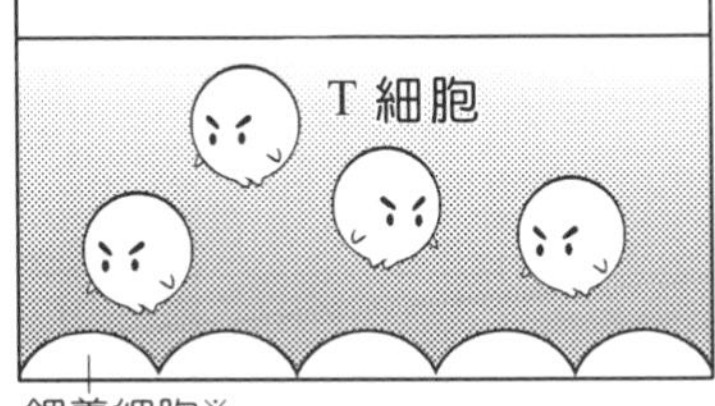

※可提供培養細胞所需的生長環境，使細胞不分化。

這個培養系統可以使基因缺陷小鼠的前驅細胞開始分化嗎？

沒錯。

開門

喔，大家都在啊。

出現

唉呀

你們在培養
T細胞啊。
我瞧瞧喔～
老師，您不是忙著寫稿子嗎？
沒那麼忙，你們課程上到哪裡了呢？

呃……目前教到先天免疫系統和後天免疫系統的反應機制，
今天預定教多樣性和自體耐受性。
好，交給我來教吧。
什麼？
不必啦……謝謝您。請您去忙自己的工作吧。

沒有啦，其實三點有個會議，我想請妳代表我出席。
唉，是學校例行的企劃會議啦。我今天不太想去，反正這個企劃妳也有參加，妳代表我去吧。
小聲
唉唷，真拿你沒辦法。
不好意思。

5-1 ✜ 抗原受體的多樣性

真是一間了不起的研究室！
哇，好歡樂的房間喔！好像「愛蟲小公主」的秘密基地！

哇，妳也看過那部動畫啊。
教授也喜歡動畫嗎？我也喜歡喔……

教授，您有看過……
有啊，有啊……
說說笑笑
沒想到兩位這麼合……
打擾一下～該上課了吧？

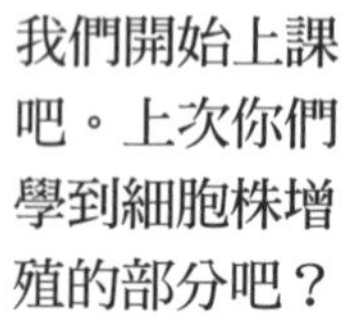

我們開始上課吧。上次你們學到細胞株增殖的部分吧？
正經八百
這一次，我們來談多樣性和自體耐受性的機制。

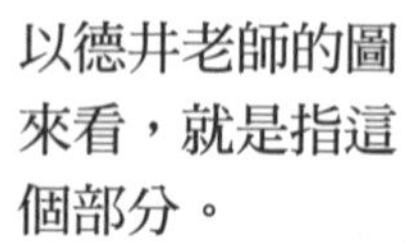

以德井老師的圖來看，就是指這個部分。
多樣性和自體耐受性是後天免疫系統的關鍵詞。

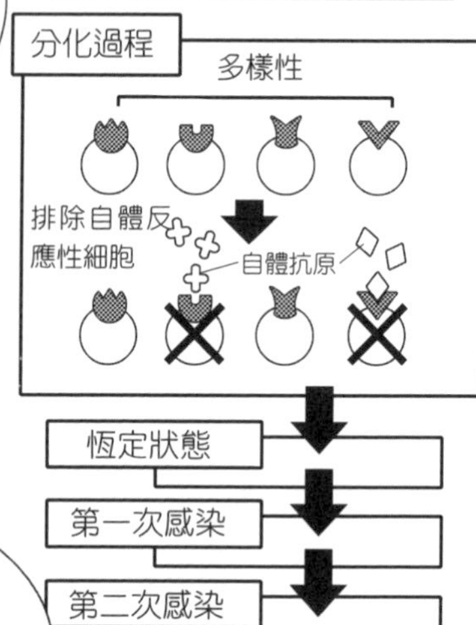
後天免疫系統的機制
分化過程
多樣性
排除自體反應性細胞
自體抗原
恆定狀態
第一次感染
第二次感染

我們來看看，幾百萬種的受體，到底是如何產生的——

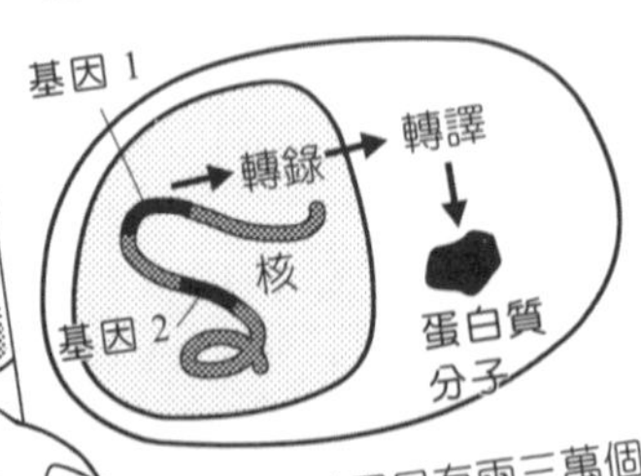
蛋白質分子來自於人體細胞核中的基因設計圖，通常一個基因只會形成一種蛋白質分子。
一個基因形成一個蛋白質分子
基因 1
轉錄
轉譯
核
基因 2
蛋白質分子
人類的基因只有兩三萬個

人類的基因總數不到三萬個，而這麼少的基因，如何形成無數種的蛋白質分子呢？
用來代表人類的玩偶
（高原老師私藏）
咻

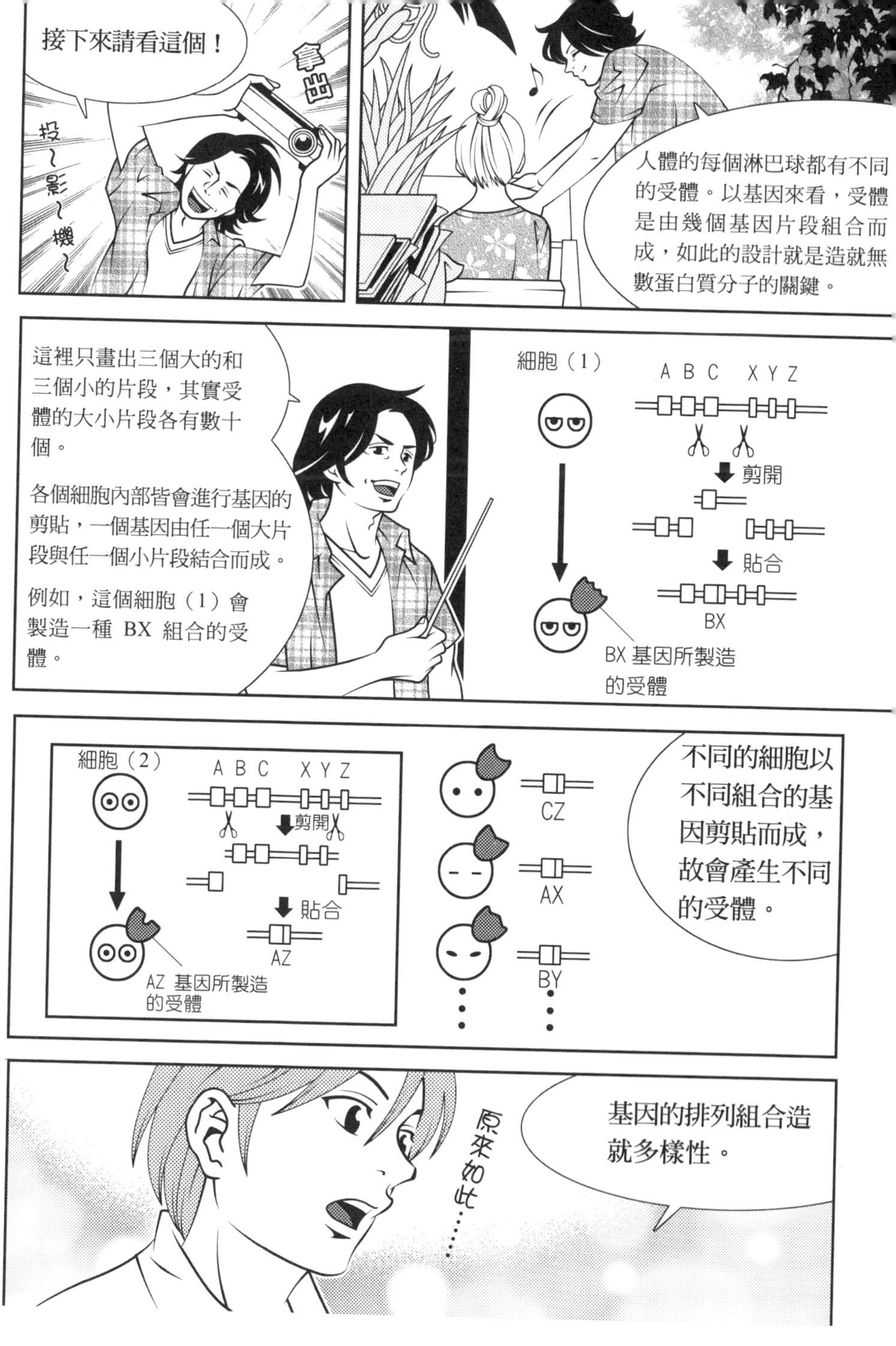

接下來請看這個！

拿出

投～影～機～

人體的每個淋巴球都有不同的受體。以基因來看，受體是由幾個基因片段組合而成，如此的設計就是造就無數蛋白質分子的關鍵。

這裡只畫出三個大的和三個小的片段，其實受體的大小片段各有數十個。

各個細胞內部皆會進行基因的剪貼，一個基因由任一個大片段與任一個小片段結合而成。

例如，這個細胞（1）會製造一種 BX 組合的受體。

細胞（1）

A B C　X Y Z

剪開

貼合

BX

BX 基因所製造的受體

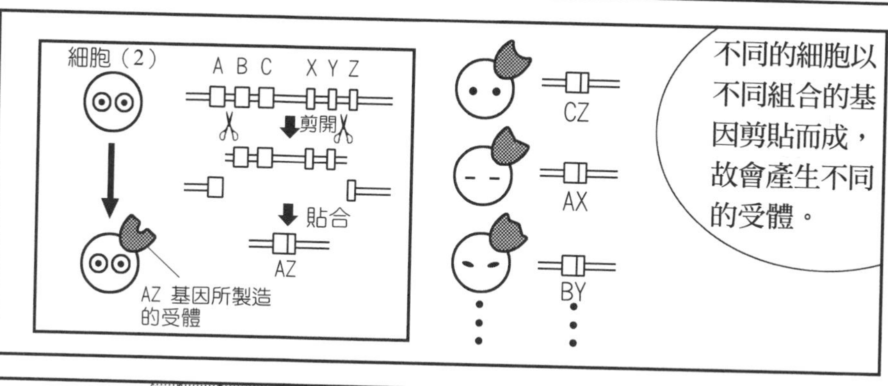

※一九八七年諾貝爾生理學暨醫學獎得主

※基因體是指一個生物體的所有遺傳物質。

5-2 ✣ 多樣性和自體耐受性

是的！答得好！德井教得不錯！

讚

她的成功凸顯身為大教授的我有多了不起！

啦

教授是不服輸的宅男嗎？

妳是不是在想，我是不服輸的宅男？

啊……

算了，不跟妳計較！後天免疫系統具有多樣性，不論對什麼病原體都能產生反應，是強力的防禦武器。

哼哼

用超能力解決？

不過，免疫系統當然必須解決會自體反應的細胞。

緊張 緊張

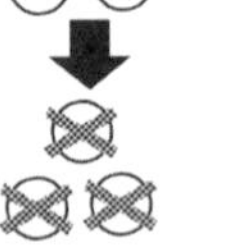

※註：自體耐受性（immune tolerance）分為兩種，中樞耐受性（Central tolerance）指淋巴球在初級淋巴器官中的作用，周邊耐受性（Peripheral tolerance）指淋巴球離開初級淋巴器官，進入周邊組織的調控。

5-3 ✣ 負選擇：在細胞發育過程中產生的自體耐受性

說得好，我們從T細胞開始說明。

胸腺組織是由海綿狀上皮細胞的網狀構造所組成，此網狀構造的縫隙填滿了未成熟的T細胞在等待分化。

胸腺細胞
（T細胞的前驅細胞）

皮質上皮細胞

髓質上皮細胞

血管

血管

皮質

髓質

胸腺

哇，好多細胞……

細胞會流動耶……

未成熟的 T 細胞存在於上皮細胞之間，它們會緩慢增殖、移動、分化。

這就是T細胞的發育過程嗎？

胸腺內部釋出可直接誘導分化的訊息，細胞激素即會增加。
動來
動去
嗶
嗶
增殖 增殖
也就是說，未分化的前驅細胞，從骨髓來到胸腺，
便會開始進行T細胞分化，同時大量增殖。

所以基因重組是發生在胸腺嗎？

是啊。大量增殖後，經過分化與基因重組，即可產生T細胞受體，接著進行T細胞的篩選。
胸腺的皮質裝滿了要進行篩選的T細胞。

排除會自體反應的 T 細胞

可能攻擊自體分子的危險細胞群

負選擇

嗶嗶

MHC ＋自體抗原胜肽

胸腺上皮細胞
胸腺樹突細胞

連結完全吻合！我要被殺了！

死

此時，會自體反應的未成熟 T 細胞，會在此處與胸腺上皮細胞的 MHC ＋自體抗原胜肽結合，產生強烈的刺激，且將這個強烈的訊息傳回這些未成熟的 T 細胞，藉此殺死會自體反應的未成熟 T 細胞。

因此，會自體反應的細胞即可被排除。

此即**負選擇**（negative selection），而執行負選擇的細胞其實包括：胸腺上皮細胞、胸腺樹突細胞。

教的人是本
教授啊！
最喜歡我自己了！
不愧是高原
教授！

哇咧……高原教授
的個性好怪……難
怪德井老師應付不
來。
想必教授與久
美的頻率很合
呢……

教授……胸腺上皮細
胞會對來自於自體的
蛋白質（胜肽抗原）
產生耐受性吧？
意思是說，胸腺上皮細
胞會對來自於人體各器
官的蛋白質（胜肽抗
原）行負選擇作用囉？

你啊！
這個問題問得
非常好！
指
指
是……
是的。
戳
吞口水

其實，人體各器官的蛋白質（胜肽抗原）都會來到胸腺的髓質。

人體各器官的蛋白質（胜肽抗原）都會來到胸腺的髓質。

會自體反應的 T 細胞

組織專一性抗原

產生組織專一性抗原的胸腺髓質上皮細胞

而且上皮細胞會對這些蛋白質進行負選擇。

負選擇

也就是說，胸腺細胞對各器官都具有自體耐受性，此作用是由 AIRE（自體免疫調節基因）來控制胸腺上皮細胞。

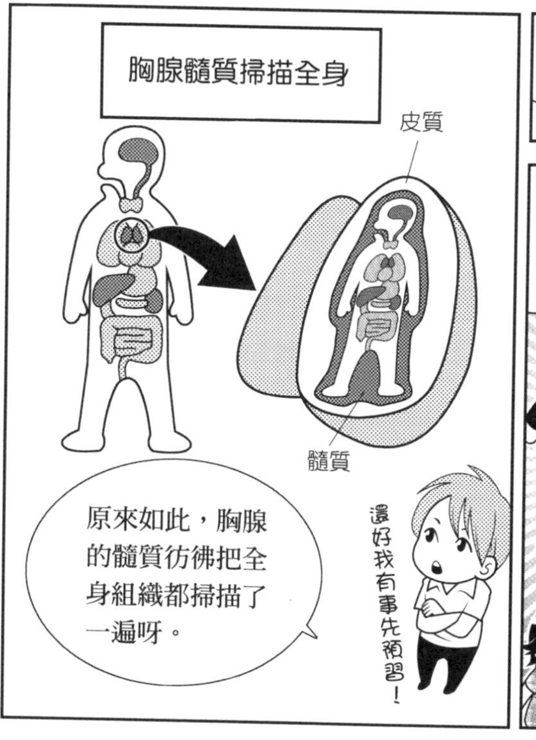

5-4✣正選擇：辨識自體MHC分子

以上就是負選擇的機制。

T 細胞受體有很多種，但每一種都只能接受某種形狀的MHC分子。

而且MHC分子與胜肽是以組合的形式被辨識的，因此 T 細胞是否被排除會受制於「T細胞受體是否可與MHC分子結合」的條件。

接受適度刺激的 T 細胞被正選擇保留下來

T細胞受體「適度」地與MHC＋自體抗原胜肽（即「MHC分子與胜肽的組合」）結合，以辨識此組合是否屬於自體。

這個過程稱為**正選擇（positive selection）**。

這就是難懂的地方。

妳想想看，如果T細胞受體可與「MHC＋自體抗原胜肽」的 MHC 部分結合，卻沒辦法結合胜肽的部分……

T 細胞在胸腺受到適度刺激後，到周邊組織所進行的作用

胸腺

可以結合 MHC 部分，卻不能完全結合胜肽部分

胸腺上皮細胞

正選擇

適度刺激

自體抗原胜肽

T

周邊組織

完全結合

T

樹突細胞

活化！

強烈刺激

外來抗原胜肽

這時，T 細胞只會受到適度的刺激，而非強烈刺激。

這種T細胞受體若在周邊組織遇到 MHC ＋與外來抗原的結合體，卻可能完全與之結合，如此一來，即可增強人體的免疫功能。

因此，這些接受適度刺激的細胞被允許存活下來。

這種以特定MHC分子來篩選的過程，稱為 **MHC 限制（MHC restriction）**。

正選擇真不簡單耶。

「會自體反應的細胞」被負選擇排除，但「可以適度自體反應的細胞」卻會被正選擇留下來。

是啊。

沒有接受刺激的 T 細胞會被排除

沒有作用的 T 細胞

MHC+自體抗原胜肽

胸腺皮質上皮細胞

無法結合，只好再基因重組試試看！

無法被辨識，導致死亡

時間到了，細胞凋亡（apoptosis）

沒有接受刺激的 T 細胞會死亡喔。

這種狀況稱為**被忽略所造成的死亡（death by neglect）**。

哇……怎麼這樣……太悲慘了吧。

我不要這樣死掉～

哈哈…

唉，如果人類以這種方式死亡，真的很悲慘。

最後，成功通過胸腺的考驗，而製造出來的 T 細胞大約只有 5%。

長大成人！

不過，沒有通過篩選的 T 細胞不會立刻死亡，

它們必需再經過幾次的基因重組。

BZ

AZ

BY

這個機制雖然很嚴格，但若不如此，就沒辦法使免疫系統順利運作。

※ T 細胞完全沒有接受刺激，代表此 T 細胞不只無法辨識自體的胜肽抗原，也無法辨識人體的任何細胞（因為它不會與人體細胞的MHC分子結合），因此若遇到受外來抗原感染的人體細胞，它也無法給予強烈刺激，進而殺死受感染的細胞。所以，這種 T 細胞對人體來說是無用的。

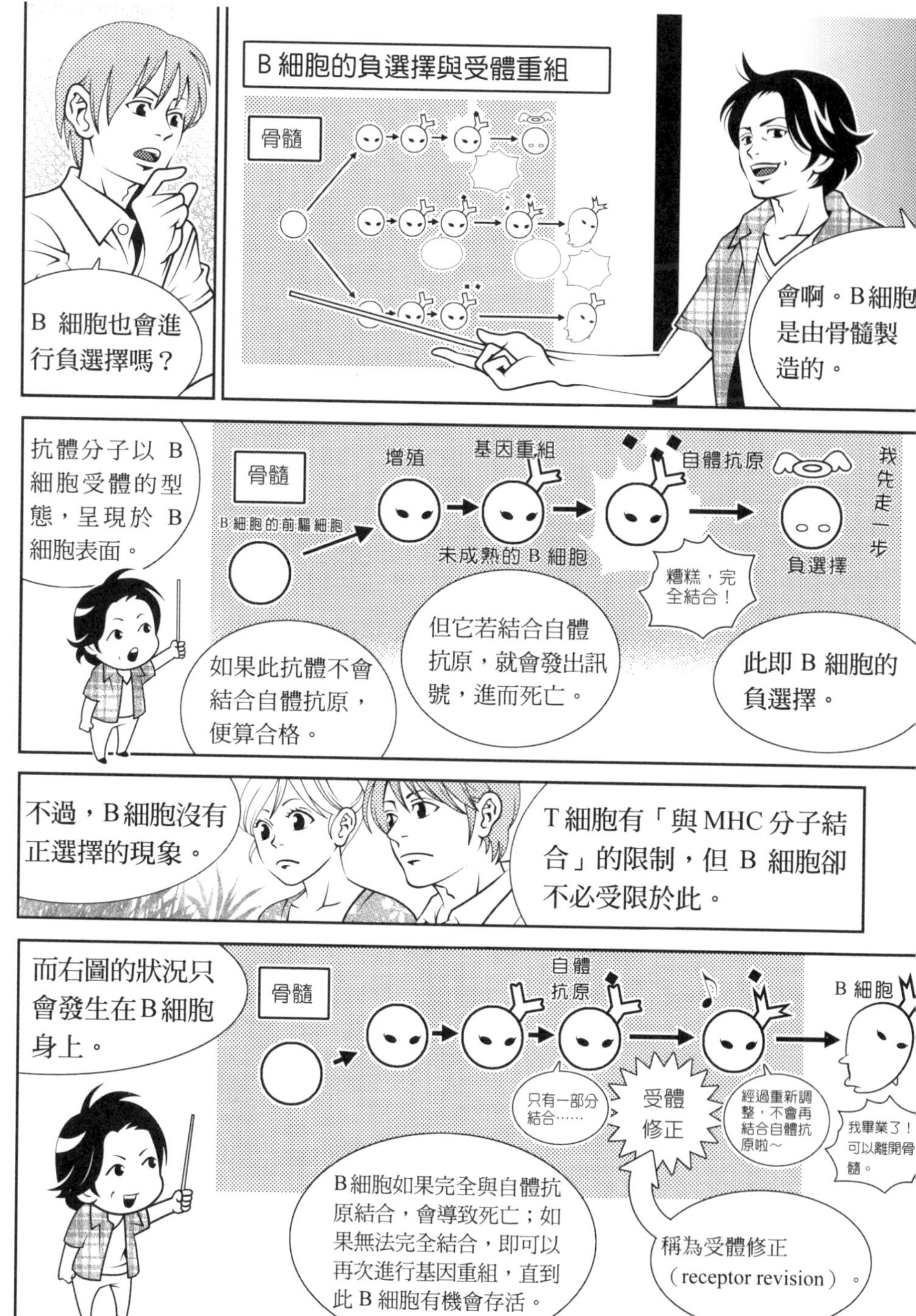
B 細胞也會進行負選擇嗎？
B 細胞的負選擇與受體重組
骨髓
會啊。B 細胞是由骨髓製造的。
抗體分子以 B 細胞受體的型態，呈現於 B 細胞表面。
骨髓
增殖
基因重組
自體抗原
我先走一步
B 細胞的前驅細胞
未成熟的 B 細胞
負選擇
糟糕，完全結合！
如果此抗體不會結合自體抗原，便算合格。
但它若結合自體抗原，就會發出訊號，進而死亡。
此即 B 細胞的負選擇。
不過，B 細胞沒有正選擇的現象。
T 細胞有「與 MHC 分子結合」的限制，但 B 細胞卻不必受限於此。
而右圖的狀況只會發生在B細胞身上。
骨髓
自體抗原
B 細胞
只有一部分結合……
受體修正
經過重新調整，不會再結合自體抗原啦～
我畢業了！可以離開骨髓。
B細胞如果完全與自體抗原結合，會導致死亡；如果無法完全結合，即可以再次進行基因重組，直到此 B 細胞有機會存活。
稱為受體修正（receptor revision）。

5-5✣發生於周邊組織的自體耐受性

免疫系統抑制自體抗原的機制

樹突細胞

病原體

活化
T 細胞！

自體抗原

抑制
T 細胞！

大有關係。

這個簡圖顯示樹突細胞的兩大作用。

樹突細胞遇見病原體，會活化 T 細胞；遇見自體抗原，則會抑制 T 細胞。

我來說明清楚吧。

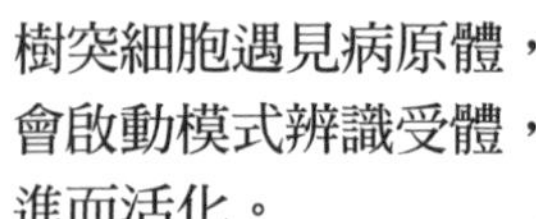

樹突細胞遇見病原體，會啟動模式辨識受體，進而活化。

病原體的辨識會啟動後天免疫作用

病原體

這是病原體的味道！

模式辨識受體（pattern recognition receptors，例如：類鐸受體）

開工啦！

TCR 接受刺激

外來胜肽抗原

可對外來物產生反應的 T 細胞

結合！該我行動囉！

產生細胞激素

開工啦！

變身

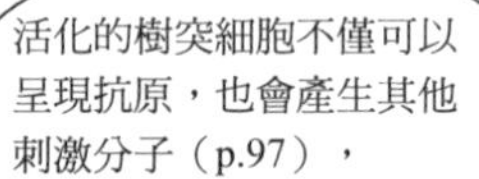

活化的樹突細胞不僅可以呈現抗原，也會產生其他刺激分子（p.97），

這些刺激分子是指協同刺激分子（co-stimulatory molecule），以及細胞激素（cytokine）。

T 細胞除了受到 T 細胞受體（TCR）與病原體結合的刺激，還需要這些刺激分子才能活化。

我知道，這個有學過。

嗯，可是重點來了。

樹突細胞平常就會吃掉自體分子，並呈現抗原，

但在這種狀態下，模式辨識受體不會作用，所以樹突細胞不會活化。

也就是說，呈現自體抗原的樹突細胞，不會產生協同刺激。

因為樹突細胞沒有被活化，T 細胞不會產生任何反應，是嗎？

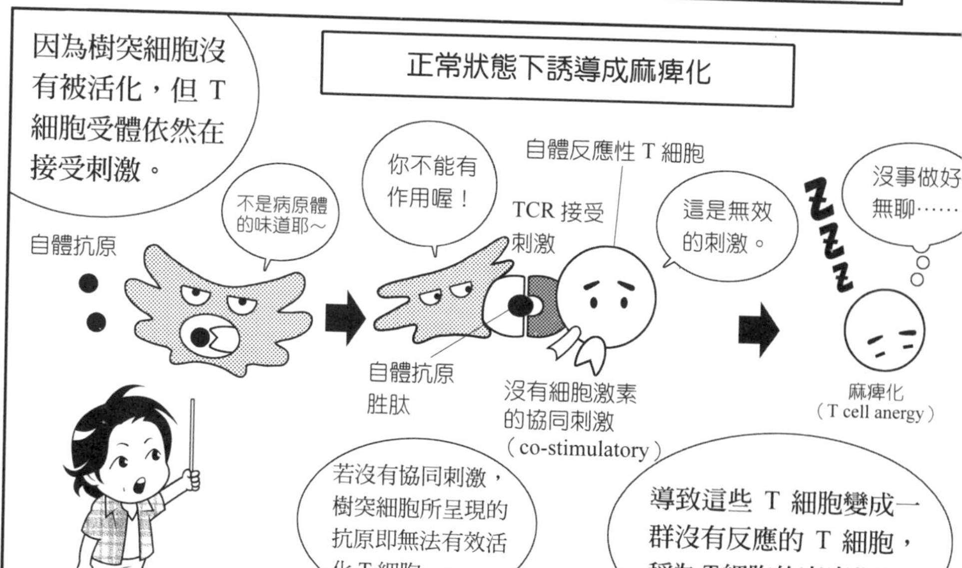

※ T cell anergy，又稱T細胞的失能、變應性缺失，或麻痺狀態。

麻痺化？細胞也會無精打采嗎？像情緒很差的飛行員動漫角色一樣嗎？
嘰嘰
喳喳
沒錯沒錯！
這些小東西開始鬧彆扭了呢～

夠了，總之，身體在正常狀態下，如果樹突細胞吞噬了自體抗原，就不會被活化。
斬
與不活化的樹突細胞結合，T 細胞則會「麻痺化」。
所以，在周邊組織的自體反應性 T 細胞，即可被排除了。
他好認真
嗯，沒錯。
這個麻痺化的狀態，英文寫成 Anergy。
B 細胞也會 Anergy 嗎？

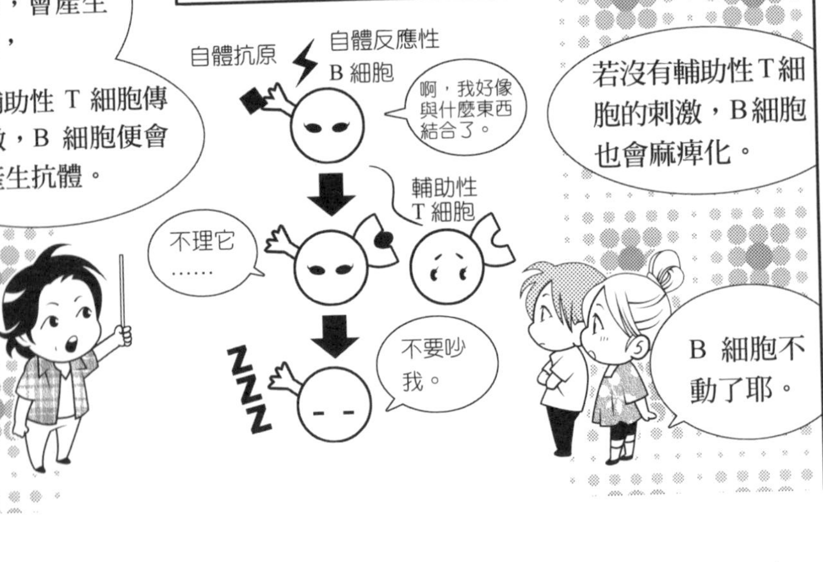
會的。B 細胞受體結合抗原，會產生少量刺激，
一旦輔助性 T 細胞傳來刺激，B 細胞便會開始產生抗體。
自體反應性B細胞的麻痺化
自體抗原
自體反應性
B 細胞
啊，我好像與什麼東西結合了。
輔助性
T 細胞
不理它……
不要吵我。
若沒有輔助性T細胞的刺激，B細胞也會麻痺化。
B 細胞不動了耶。

在周邊組織產生的自體耐受性……
還有一個重要機制。
什麼？還有？我以為機制已經夠多了。
多幾個安全措施不是更好嗎？
有一種T細胞專門用於抑制免疫反應。
抑制免疫反應的 T 細胞？我記得！應該叫作抑制 T 細胞（Suppressor T cells）吧？
抑制T細胞這個名詞，在現今的免疫學書籍還看得到。
嗯哼……
科學家在一九八〇年代中期，便發現這種細胞對免疫反應具有抑制作用。
這種細胞的正式名稱為**調節性 T 細胞（Regulatory T cell）**，
由京都大學的教授坂口志文，於一九七〇年代發現。
調節性 T 細胞
這兩個名詞真讓人混淆。
調節性 T 細胞不只能以抑制的方式來調節免疫反應，所以比起抑制性，稱為「調節性 T 細胞」比較合適。
因此為了避免混淆，抑制T細胞已於一九九〇年代改名為調節性 T 細胞。

什麼！人會死掉嗎？

如果沒有調節性T細胞就會有很多可自體反應的細胞，在人體內四處遊蕩。

張望

尋尋

覓覓

調節性T細胞具有怎樣的抑制作用呢？

我們可以用一句話來形容這種細胞……

「沒在工作，卻假裝在工作的細胞」！

LEVEL 1

NEXT

偷懶

這樣會被裁員吧？

沒在工作，卻假裝在工作的細胞？

沒錯，這種細胞的表面會出現類似活化 T 細胞的分子，並與樹突細胞產生更有效的反應。

可是，它產生反應以後，卻什麼都不做。

試想，如果這種細胞和樹突細胞結合……

調節性 T 細胞的調節機制

- 佔據樹突細胞表面所呈現的協同刺激分子
- 消耗樹突細胞或 T 細胞所分泌的細胞激素

其他細胞（例如初始 T 細胞）就沒辦法順利進行後續的反應。

它不僅會佔據樹突細胞，也會消耗樹突細胞用來活化 T 細胞的分子（細胞激素）。

如此一來，樹突細胞的作用便無法順利進行。

假裝在工作⋯⋯
這種討厭的人很常見呢。

對吧！
我就說吧！

明明不是很喜歡，卻因為是限量商品，就大肆採購的傢伙到處都有！
害我這種正牌的粉絲一個都買不到，他們真是搞不清楚狀況！
啊～
我懂～
感同身受。

砰
砰

上課請不要牽拖到個人興趣，好嗎！
這種情形究竟是對什麼抗原所產生的反應？請說清楚，好嗎！
煩死了！
呵呵⋯

自體耐受性
晃～
蕩～
會自體反應的 T 細胞
自體抗原
調節性 T 細胞

嗯⋯⋯是這樣的，調節性 T 細胞多半是會自體反應的 T 細胞，它會與其他的自體反應性 T 細胞競爭，而產生自體耐受性。
除了這節介紹的機制，會產生抑制免疫反應的還有 IL-10 與 TGF-β等物質。
而且，抑制性細胞不只有T細胞，還包括樹突細胞與 B 細胞。

妳不覺得他太認真了嗎？
竊竊私語

本章總整理

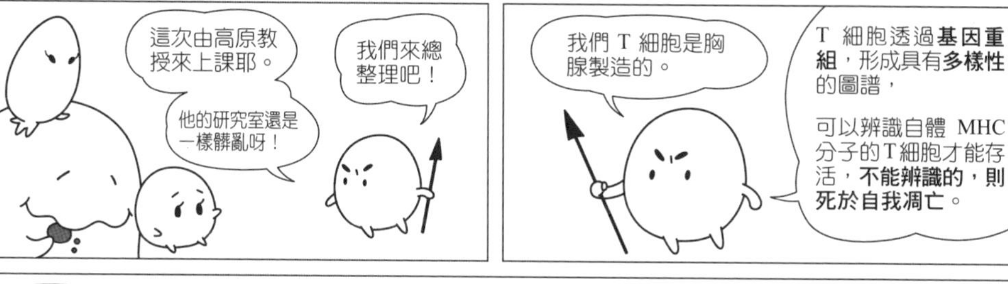

然而，可適度自體反應的細胞卻可以存活下來，活躍於周邊組織，這種機制稱為**正選擇**。

而會產生強烈自體反應的T細胞則會死亡，這種機制稱為**負選擇**。

部分帶有強烈自體反應性的T細胞，可能會被胸腺遺漏而進入周邊組織，另一部分則會分化成**調節性 T 細胞**。

進入周邊組織的自體反應性細胞，接收樹突細胞活化而呈現出來的自體抗原，會變成**麻痺化**。

調節性 T 細胞則會產生抑制作用喔～

胸腺

基因重組形成的多樣性圖譜

完全不會自體反應

可適度自體反應

產生強烈自體反應

死於不能辨識

正選擇

負選擇

遺漏

分化

周邊組織

活躍於周邊組織

呈現自體抗原的樹突細胞

調節性 T 細胞

抑制

麻痺化（Anergy）

第 5 章　補充 | Follow Up

❖ T 細胞受體的結構與基因重組

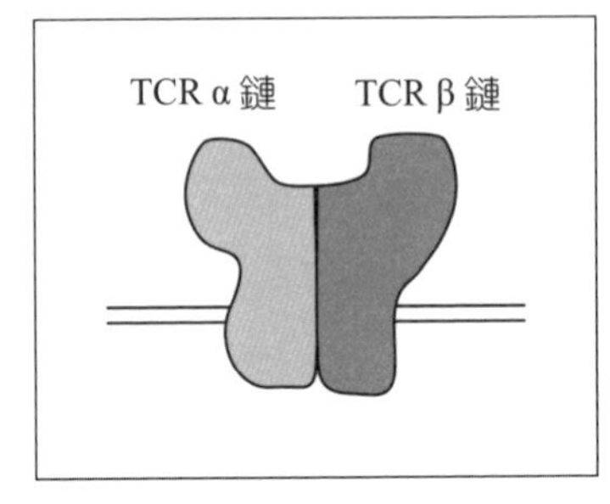

圖 5-1 αβT 細胞受體

要了解免疫學，其實沒有必要了解抗原受體的遺傳基因結構。不過，免疫學屬於生命科學的範疇，因此應該有讀者想要了解基因重組的戲劇性現象吧。所以，我們以T細胞受體為例，進一步認識基因重組吧。

T細胞受體是由α鏈和β鏈所組成的「αβ T 細胞受體」（圖 5-1），此外，還有 γ 鏈和 δ 鏈所組成的「γδT 細胞受體」。具有這些T細胞受體的兩種T細胞，稱為「αβ T 細胞」和「γδ T 細胞」，兩者性質大不同。到第 5 章為止，我們所談的是 αβ T 細胞，γδ T 細胞有待後述（p.188）。

T細胞受體基因有 α 鏈、β 鏈、γ 鏈、δ 鏈這四種。圖 5-2 表示 TCR β 鏈的結構。β 鏈大約有三十個V基因、兩個D基因、十二個J基因、兩個C基因。

會發生基因重組的是V、D、J基因。首先，一個D和一個J會透過基因重組，組成「DJ」；接著，V與DJ再經由基因重組，組成「VDJ」（圖 5-2）。這個過程是由Rag1 與Rag2 蛋白質，來執行重要的剪貼作用。VDJ的重組約有數百種組合。

此外，若基因進行重組時，剪貼部位有DNA **插入或缺失**，會因此產生更豐富的多樣性。VDJ 組合所產生的基因結構，經**轉錄**（Transcription）作用，再行**剪接**（Splicing，傳訊 RNA 所產生的剪接，傳訊 RNA 又稱為 messenger RNA或mRNA），與C基因連接，形成VDJC的mRNA，才可繼續被轉譯成β鏈分子。VDJ的部分稱為可變區，C的部分則稱為恆定區。相對應的α鏈則不具有相當於D的部分，但基本上會產生同樣的多樣性。這兩組作用所組成的αβ T 細胞受體大約有 10^{15}種，具有多樣性。

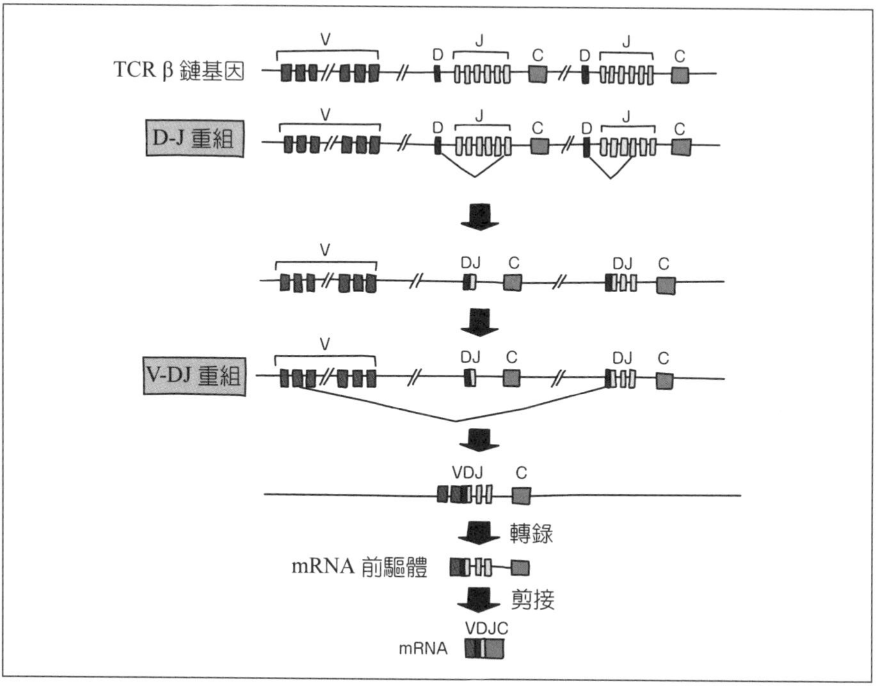

圖 5-2　TCR β 鏈的基因重組

❖ 抗體分子的結構與基因重組

受體若是存在B細胞表面，即稱為B細胞受體；B 細胞受體若從細胞表面釋放出來，則稱為抗體，正式的分子名稱是**免疫球蛋白**（Immunoglobulin, Ig），它的基因名稱則是免疫球蛋白基因。抗體由兩條重鏈的大分子，和兩條輕鏈分子所組成（圖 5-3）。輕鏈有 κ 鏈和 λ 鏈兩種。重鏈、輕鏈的基因都具有許多片段，它們會與T細胞受體一樣，透過基因重組的剪切、黏貼而成形。

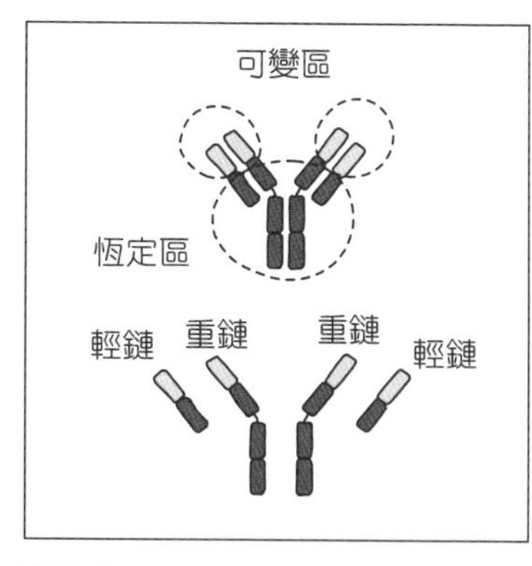

圖 5-3　抗體分子的結構

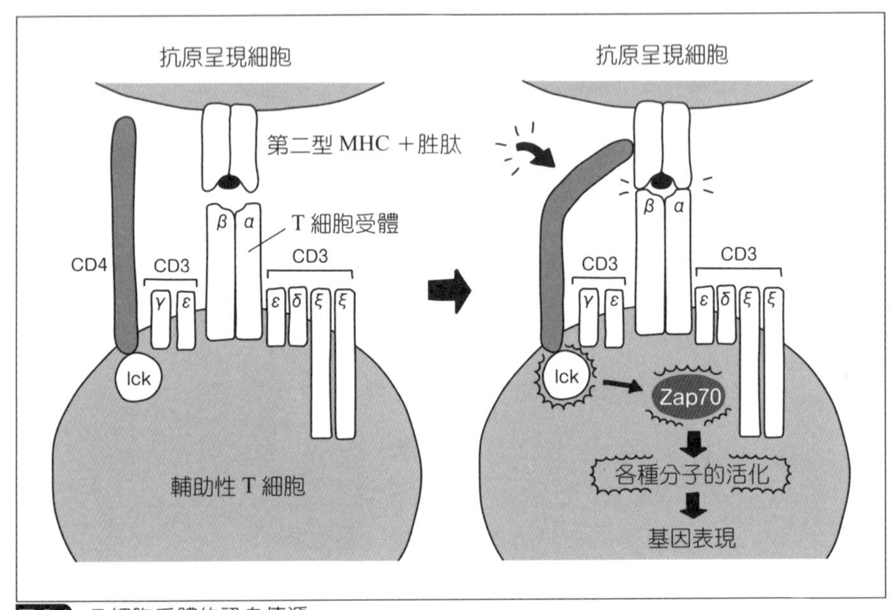

圖 5-4 T 細胞受體的訊息傳遞

❖ 刺激T細胞受體的方式

T細胞受體和CD3 的分子群，一起形成T細胞受體複合體。輔助性T細胞會表現 CD4 分子；殺手 T 細胞則表現 CD8 分子。CD4 和 CD8 稱為輔助受體（co-receptor），負責重要的任務。CD4 會與第二型 MHC 分子結合，而 CD8 則是和第一型MHC分子結合。

我們從輔助性 T 細胞來認識訊息傳遞的情況（**圖 5-4**）吧。MHC-胜肽的複合體與 T 細胞受體結合，此時，CD4 分子會結合到第二型 MHC 分子的側邊。透過此結合，附著在 CD4 根部的 lck 分子會被活化，因此開啟 CD3 分子細胞內部的活化，接著 Zap70 分子亦會活化，然後引起一連串下游分子的活化。與細胞內部訊息傳遞有關的分子還有很多，其中以lck和Zap70 最為關鍵。

❖ 在胸腺中，形成輔助性T細胞與殺手T細胞的分歧點

除了正選擇與負選擇，在胸腺裡面，還會發生一個大事件——形成輔助性T細胞或殺手T細胞的分歧點。未成熟胸腺細胞的T細胞受體，與胸腺上皮細胞的相互作用，會造成正選擇與負選擇，同時決定T細胞會變成輔助性T細

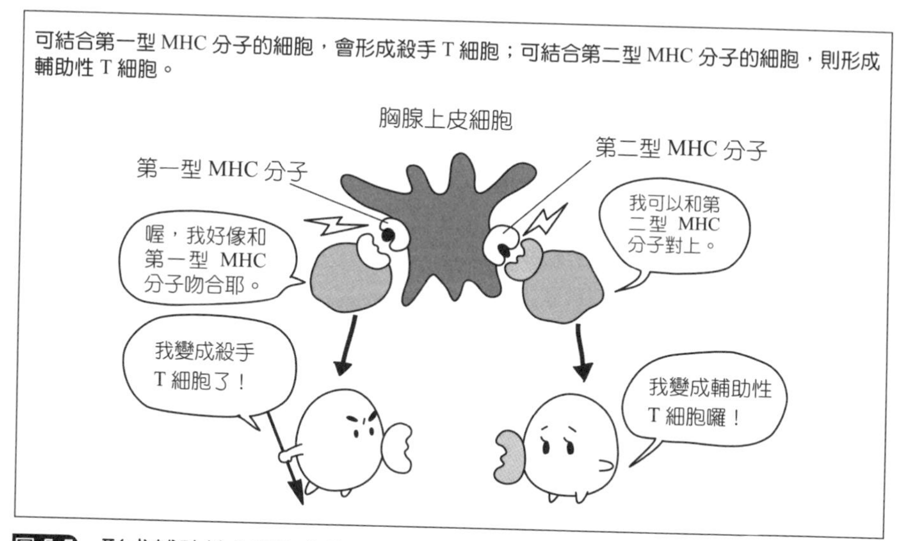

圖 5-5　形成輔助性 T 細胞與殺手 T 細胞的分歧點

胞還是殺手T細胞。T細胞受體能與第二型MHC分子結合的胸腺細胞，會變成輔助性T細胞；而T細胞受體能與第一型MHC分子結合的胸腺細胞，則變成殺手T細胞（圖 5-5）。

❖ 從造血幹細胞分化為T細胞或B細胞的途逕

吞噬細胞、B細胞是在骨髓中製造的，T細胞則是在胸腺中製造，但這些免疫細胞其實都是來自造血幹細胞。造血幹細胞存在於骨髓中，除了製造免疫細胞，它還會製造紅血球、血小板。

長久以來，人們認為這些細胞的製造過程具有某些模式。最早，人們認為有兩種模式：會製造紅血球、血小板、吞噬細胞的前驅細胞，以及只製造T細胞和B細胞的前驅細胞。不過，最近科學家發現這個單純的古典模式並不正確。舉例來說，科學家已經知道，有一種前驅細胞不會製造紅血球，但可以製造白血球（即T細胞、B細胞、吞噬細胞），還有一種前驅細胞可以製造T細胞與吞噬細胞等。

根據這些發現，某些學者提出，製造吞噬細胞的能力，是附在「分化為T細胞或B細胞的途徑」的模式，稱為骨髓基礎性模式（myeloid-based model）（圖 5-6）。myeloid代表骨髓，是吞噬細胞系統的總稱。

❖ 自然殺手細胞（NK細胞）

1) NK 細胞是先天免疫系統的淋巴球

在此節，重要的自然殺手細胞（Natural killer cell, N K cell）（p.58）再度出場。NK細胞表面沒有T細胞和B細胞的抗原受體，屬於先天免疫系統，負責非專一性防禦，但仍算是一種淋巴球。

NK細胞和殺手T細胞一樣會「殺死細胞」，NK細胞可辨識細胞是否受到感染，是否具有腫瘤化分子，進而殺死這些異常細胞。

我們已知T細胞不會自體反應，而NK細胞也具有一種獨特機制——抑制性受體（inhibitory recepter）。此受體會辨識正常細胞的第一型MHC分子。第一型MHC分子會表現在人體的所有細胞上，負責傳遞抑制訊息，使細胞不被NK細胞誤殺。當人體某個細胞受到感染等壓力，而表現出異常的第一型MHC分子，會使NK細胞無法獲得抑制性受體的訊息，於是使NK細胞活化，進行胞殺作用。（圖 5-7）。NK細胞的抑制性受體與T細胞受體不同，會辨識第一型MHC分子的非胜肽結合部位。

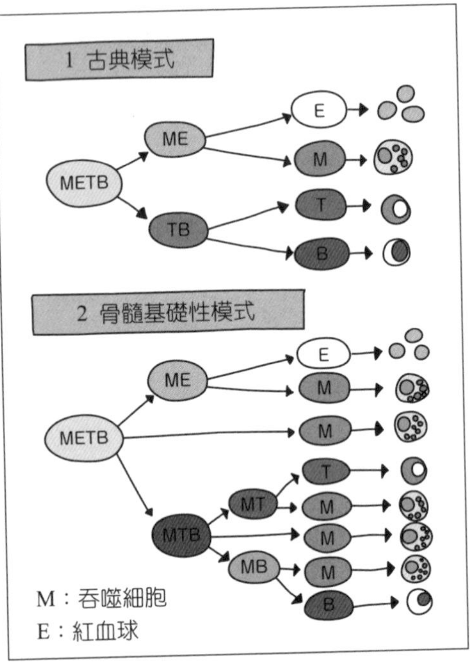

圖 5-6 新舊造血模式
（部分改編自：河本宏，《更加了解！免疫學》，日本羊土社，2011）

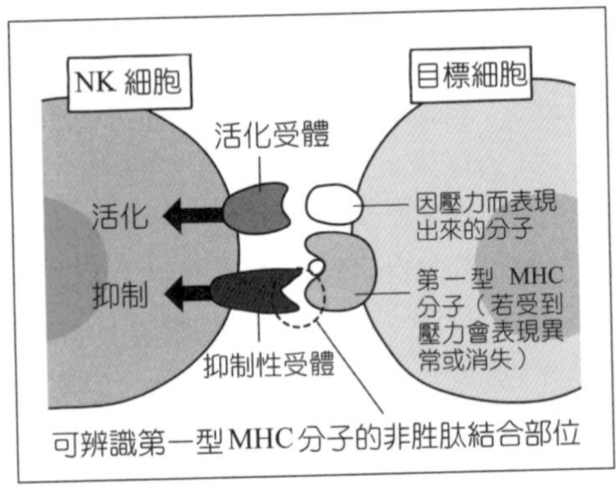

圖 5-7 NK細胞不會殺死呈現第一型MHC分子的細胞

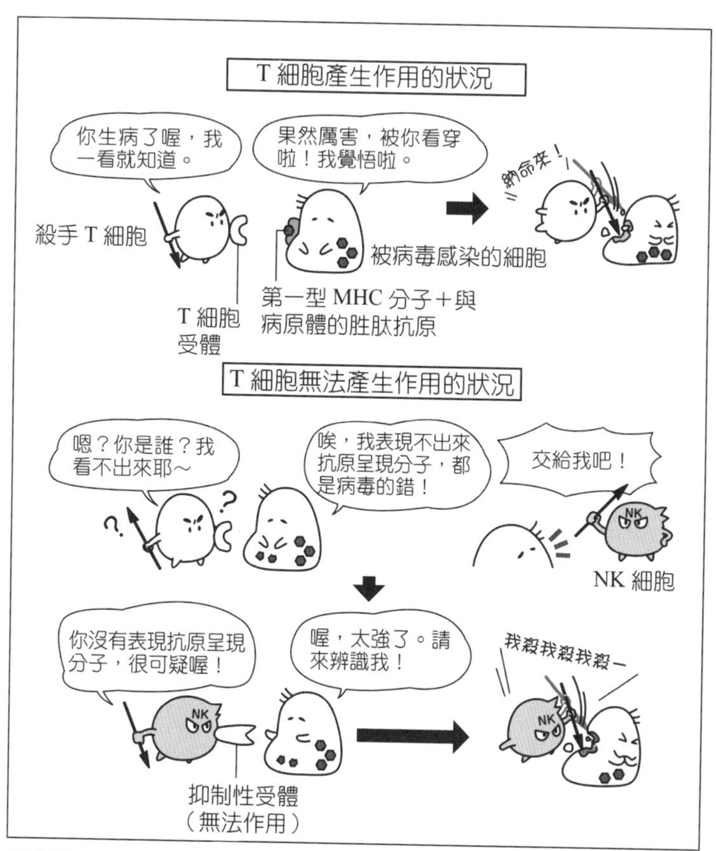

圖 5-8　殺手 T 細胞與 NK 細胞的合作

2）殺手T細胞與NK細胞的合作

我們可以將NK細胞的作用，想成它與殺手T細胞的合作。殺手T細胞會辨識第一型MHC分子與胜肽抗原（來自病原體）的複合體，找出受感染的細胞，並殺死它。可是，有些種類的病毒或細菌，能以非常狡猾的方式，逃過殺手T細胞的追蹤，進而影響細胞表現第一型MHC分子的機制。受到感染的細胞若沒有表現出第一型MHC分子，當然就不會被殺手T細胞殺死。

這時我們需要 NK 細胞。NK 細胞遇到沒有表現第一型 MHC 分子的細胞時，不會產生抑制訊息，因此會被活化（圖 5-8）。如此一來，藉由NK細胞的作用，人體就可以消滅沒被殺手T細胞辨識出來的感染細胞與異常細胞。

3) 殺死細胞的方法

殺手T細胞和NK細胞殺死異常細胞的方法其實都一樣。主要機制是藉由穿孔素（perforin）的分子，在細胞膜上形成孔洞，讓顆粒酶（granzyme）分子進入細胞質，誘導細胞產生細胞凋亡※（apoptosis），請看**圖 5-9**。另一種途徑是透過產生 FASL 分子（Fas Ligand），對細胞的受體FAS 產生刺激，進而殺死細胞。

※細胞凋亡是指細胞有計劃地自殺。

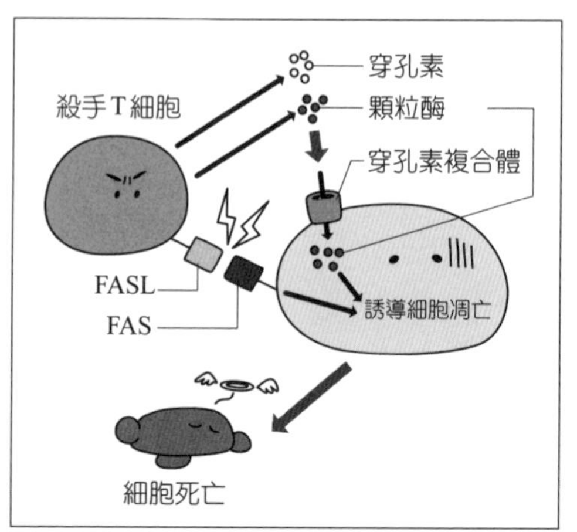

圖 5-9 殺手T細胞殺死異常細胞的方式

第 6 章

抗體產生的機制

第 6 堂課

八月——三江路考取碩士

是的，今天是第二次測定。上一次的測定顯示，基因剔除小鼠這組的抗體生成量有點少。
IgG2a
IgE
3000
2000
1000
0
4000
3000
2000
1000
0
(ng/ml)
正常小鼠
基因剔除小鼠

嗯，做得好。
不過，還是要多做幾組數據，仔細驗證。

生物會自動產生抗體，好厲害，真令人感動耶～

請記住這份感動。
抗體從產生到進入血液，會經過許多環節喔。

透過與輔助性 T 細胞的合作，人體可產生專一性抗體吧？
基本上是如此。可是，其實這個過程中包含許多反應，這就是我們今天要談的主題。

6-1 ✜ 淋巴液的流動

這是什麼地方啊？

這裡擺放著各種人體模型，可供本校的公開活動使用。

其中包含一些與免疫學相關的模型，所以我帶你們來這裡上課。

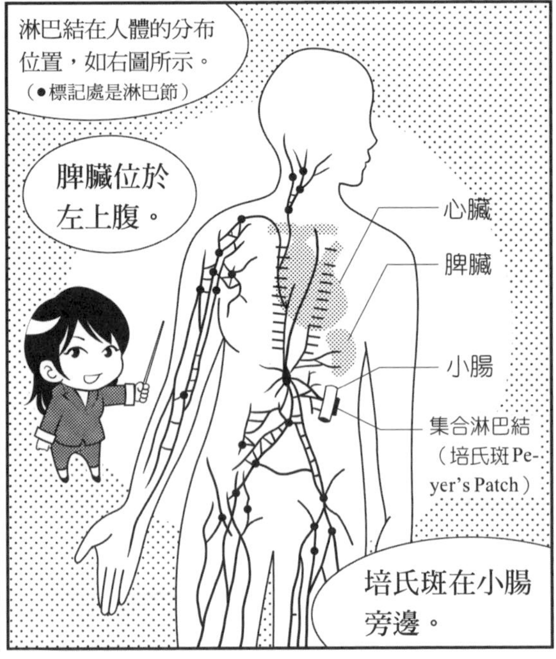

淋巴液的流動方向，以右圖表示。

從微血管滲出的體液，最後會返回血管，但有一部分會流進淋巴管。

心臟
胸管
靜脈
動脈
淋巴結
微血管
組織液
血液
淋巴管
淋巴液

如同河川的匯流，淋巴液最後會匯集到心臟附近的胸管，再回到血液裡。

淋巴液和淋巴管有何用處呢？

原來如此，我還以為腸道吸收的養分是由肝門靜脈送到肝臟耶。

它們的主要功能是為人體細胞運送氧氣和營養，並回收代謝廢物。

腸道的淋巴液將人體吸收的脂肪，運送到肝臟。

醣類、胺基酸是透過血管運送，但脂肪不是，脂肪透過淋巴管運送。

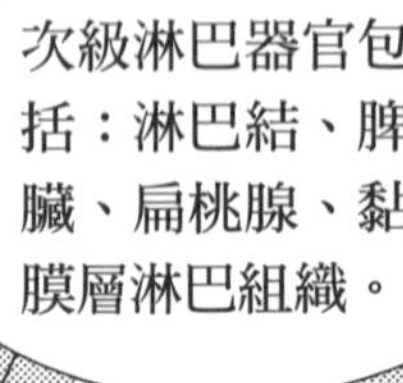

脾臟屬於血液循環，而非淋巴液循環喔。

心臟

脾臟

淋巴結

淋巴結

腸道

培氏斑

P.139 的圖其實應該要有位於腸道表面的培氏斑，它是淋巴液循環的最上游。

6-2✣淋巴結、脾臟、培氏斑的位置

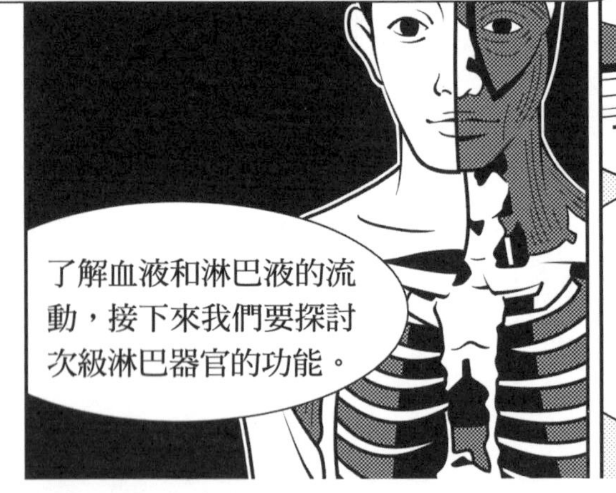

過濾抗原？
嗯？

這可以說是一種捕捉的裝置。
可應付病原體從皮膚入侵等情形。

妳是指樹突細胞吞噬病原體，將訊息傳遞給淋巴結吧（p.65）！
病原體
吞噬！
淋巴液流動方向

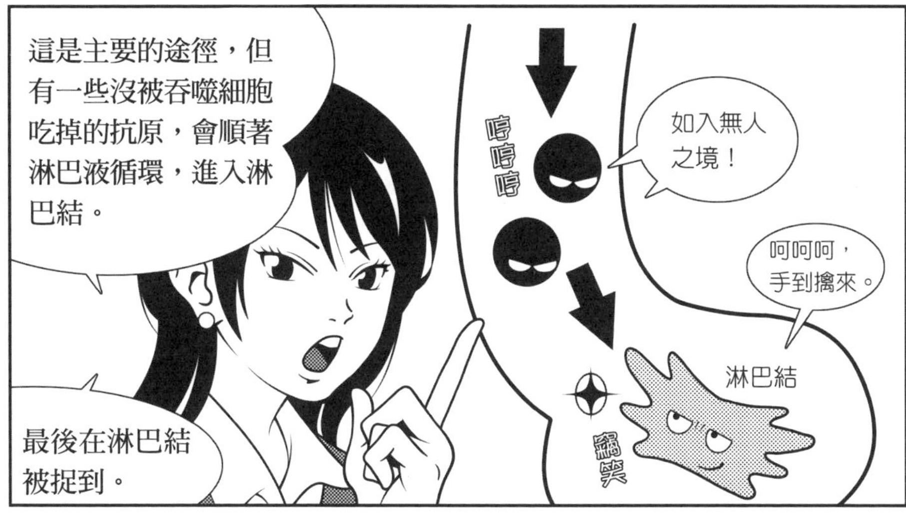
這是主要的途徑，但有一些沒被吞噬細胞吃掉的抗原，會順著淋巴液循環，進入淋巴結。
最後在淋巴結被捉到。
哼哼哼
如入無人之境！
呵呵呵，手到擒來。
淋巴結
竊笑

原來如此，使病原體匯流至此，而淋巴結則守株待兔呀。
哇—

人體太厲害了！淋巴結和脾臟在不同的路徑上守株待兔呢。

▲ 病原體抗原

脾臟

淋巴結

組織液

培氏斑

淋巴液

培氏斑負責什麼任務呢？

腸道裡面到處都是細菌，

培氏斑負責捕捉腸道裡面的壞菌。

6-3 ✣ 淋巴球的循環路徑

至於淋巴球的路徑……
咦？不是和淋巴液循環一樣嗎？
什麼？淋巴球如何聚集到淋巴結組織呢？
兩者看似相同，其實不一樣。
人體若發炎，淋巴球會從血管跑進組織，可是平常淋巴球不會出現在組織中。
淋巴球從淋巴結的血管進入淋巴結。
這種匯流入淋巴結的靜脈，稱為**高內皮微靜脈**（high endothelial venule），位置在這裡。
高內皮微靜脈
淋巴球
心臟
胸管
靜脈
動脈
淋巴結
微血管
組織液
淋巴管
嗜中性球、單核球等白血球，也依循相同的循環路徑嗎？
若人體發炎，嗜中性球和單核球會從血管移動到組織，但它們平常不會跑到淋巴結，只會在血液中巡邏。

接著來認識淋巴結的結構吧。

淋巴液的流動方向有兩種：由輸入淋巴管進入，由輸出淋巴管離開。

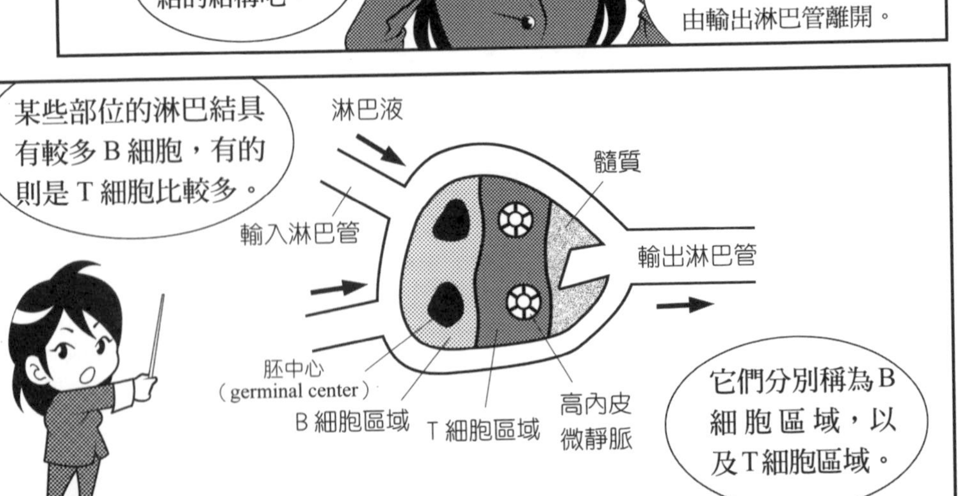

名字好土喔……
哇，一目瞭然的名稱。

這是淋巴結的結構，B 細胞區域有一個部位稱為胚中心（germinal center），B 細胞在此分化成能夠釋出專一性免疫球蛋白的漿細胞，以製造抗體。
胚中心

感冒的人，脖子附近的淋巴結會腫大。
尤其是淋巴結的胚中心腫脹情況很嚴重。

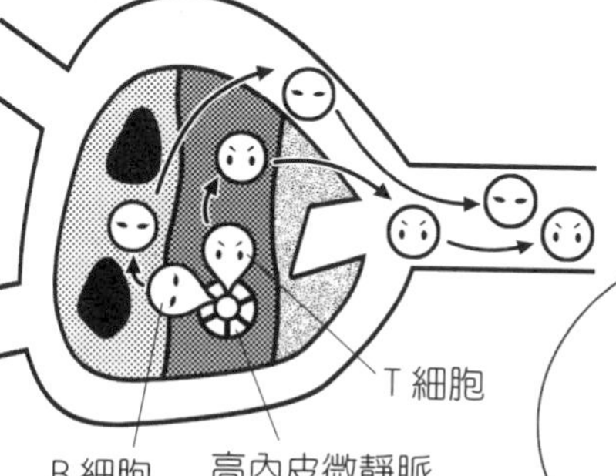
請看淋巴結的淋巴球活動！
T 細胞區域中，有高內皮微靜脈，是 T 細胞與 B 細胞的入口。
T 細胞
B 細胞
高內皮微靜脈
進入的 T 細胞和 B 細胞，分別在不同區域停留數日，再經由輸出淋巴管，往外移動。

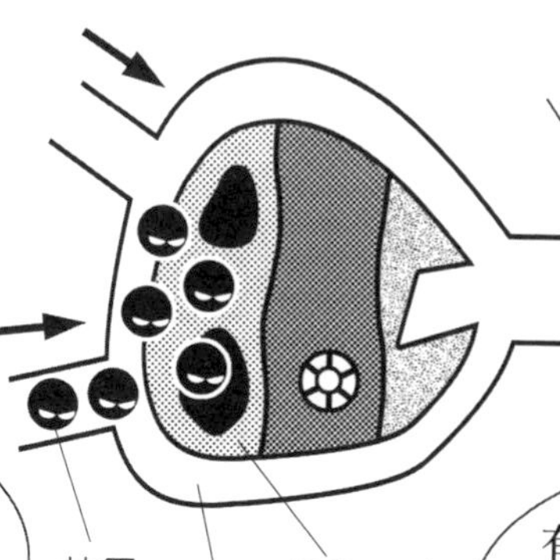
接著來看抗原的流向。
抗原順著淋巴液流動，從輸入淋巴管進入邊緣竇（marginal sinus）。
好像抗原過濾裝置！
抗原
邊緣竇
B 細胞區域
邊緣竇的內壁有巨噬細胞、樹突細胞、B 細胞等，在等待捕捉抗原。
有一部分抗原會跑進B細胞區域，被 B 細胞捕捉。

6-5 ✣ 抗體種類轉換

接下來，我要說明 B 細胞如何在淋巴結產生抗體。

首先來看抗體的多胜肽鏈分子結構。Y 字的前端會和抗原結合。

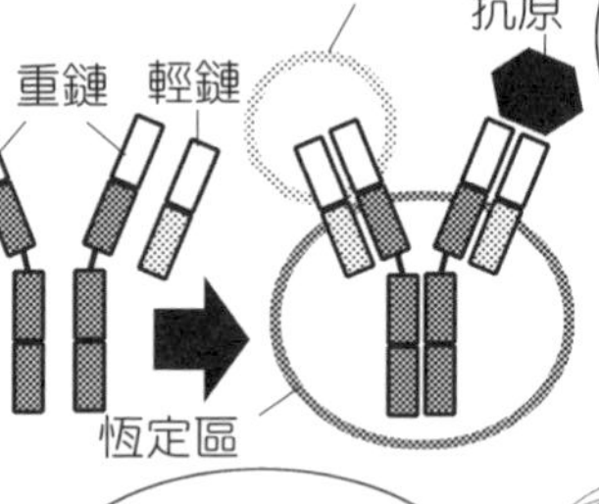

抗體分子由兩條重鏈和兩條輕鏈所組成，一共四個分子，組成一個 Y 字型複合體，

Y 字前端為可變區，基部為恆定區。

抗體又稱為免疫球蛋白（Ig，參照 p.129）。

抗體的**種類**（Class）有 IgM、IgG、IgA、IgE 四種，這裡用 IgM 與 IgG 來說明。

IgG

IgM 是由五個 Y 字型的抗體分子所組成的五元體，IgG 則是單一抗體分子。

重鏈恆定區的替換，造就了各種類的抗體，但這些抗體的可變區都是一樣的。

透過這種「替換根本部位」的方式，各種抗體的「抗原專一性部位」得以擁有各式各樣的用途。

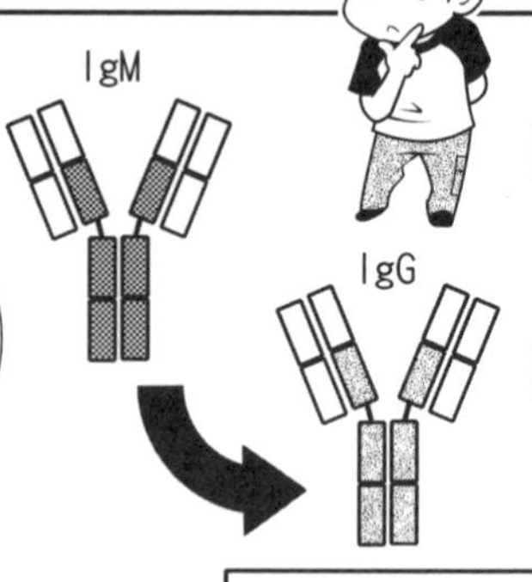

抗體的種類轉換

IgM 會先被製造出來，再轉變成 IgG。

這種不同抗體的轉變，稱為**種類轉換**（Class switch）。

抗體從 IgM 轉換為 IgG，性質會產生什麼變化呢？
IgM 是免疫機制最早出現的抗體，
它會抓住血液中的外來物，並呼叫補體前來工作，免疫機能很好。

可是病原體會強力抵抗或脫逃，這時由於 IgG 分子較小，容易在組織間移動，再加上它的基部有增強免疫反應的功能，因此可發揮優勢。

基部？

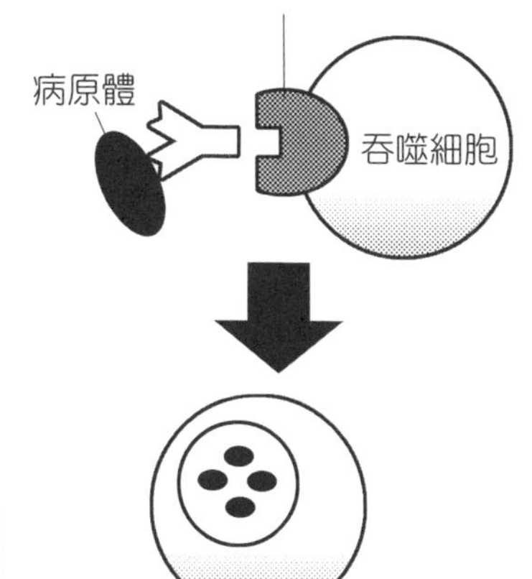
吞噬細胞會產生與抗體基部對應的受體，當抗體黏附於細菌，抗體基部便會與吞噬細胞的受體結合，吃掉細菌。
與抗體基部結合的受體
病原體
吞噬細胞

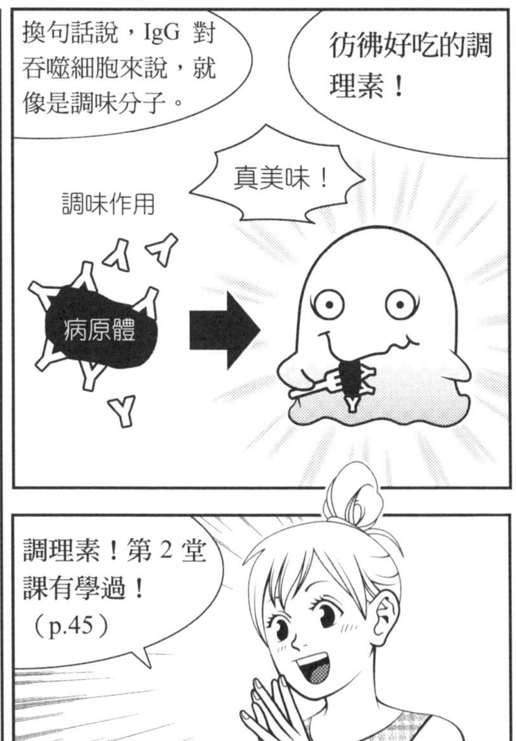
換句話說，IgG 對吞噬細胞來說，就像是調味分子。
彷彿好吃的調理素！
真美味！
調味作用
病原體
調理素！第 2 堂課有學過！（p.45）

6-6✣親和力成熟：提高抗體品質

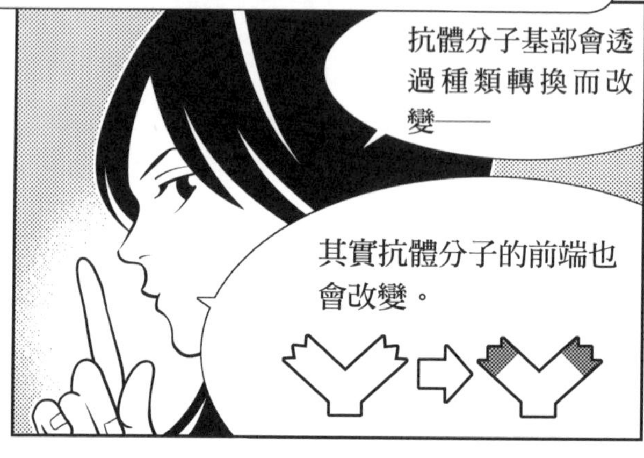

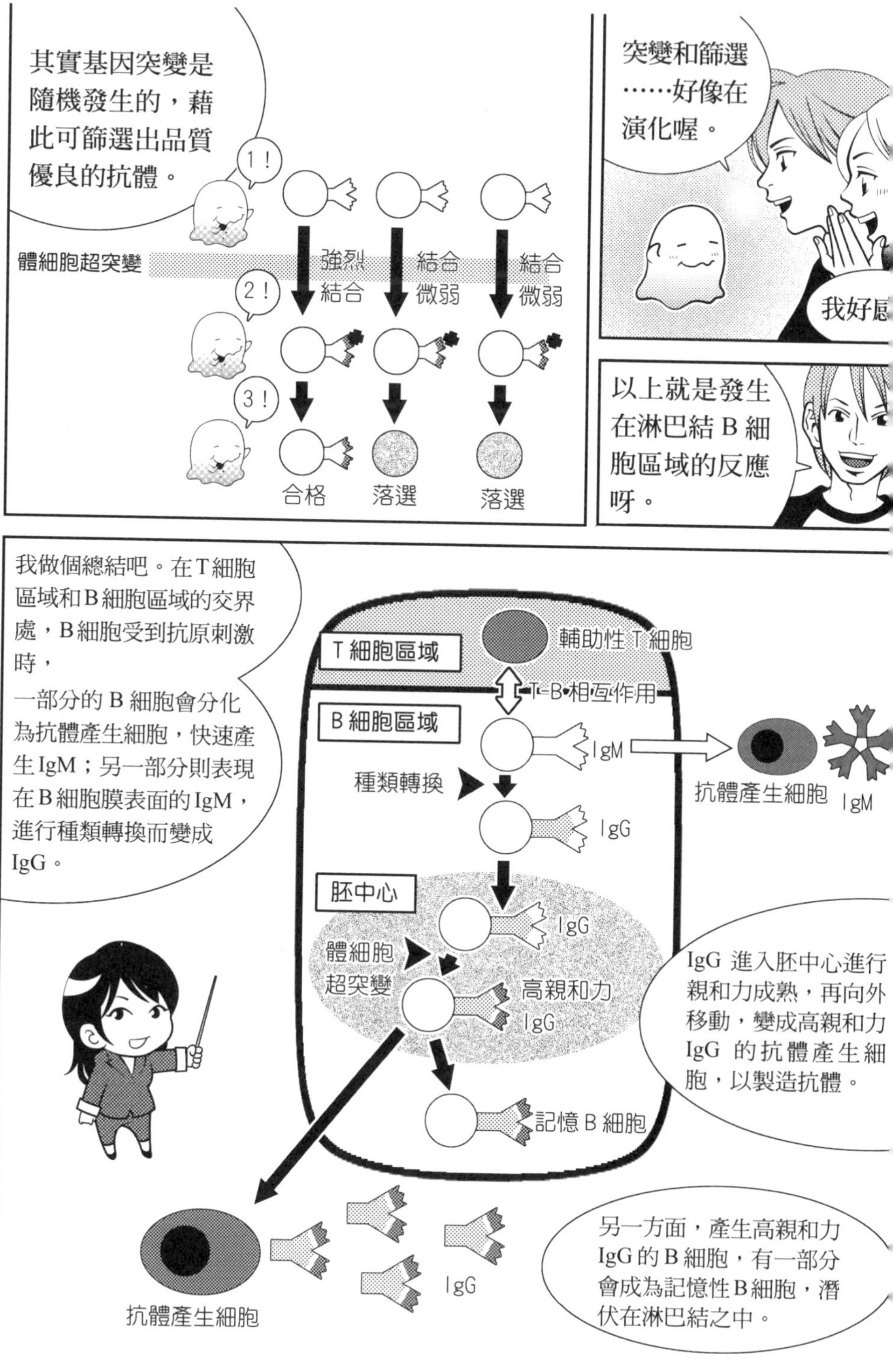

其實基因突變是隨機發生的，藉此可篩選出品質優良的抗體。
1！
體細胞超突變
強烈結合
結合微弱
結合微弱
2！
3！
合格
落選
落選
突變和篩選……好像在演化喔。
我好厲
以上就是發生在淋巴結B細胞區域的反應呀。
我做個總結吧。在T細胞區域和B細胞區域的交界處，B細胞受到抗原刺激時，
一部分的B細胞會分化為抗體產生細胞，快速產生IgM；另一部分則表現在B細胞膜表面的IgM，進行種類轉換而變成IgG。
T細胞區域
輔助性T細胞
T-B相互作用
B細胞區域
IgM
抗體產生細胞
IgM
種類轉換
IgG
胚中心
IgG
體細胞超突變
高親和力IgG
記憶B細胞
IgG 進入胚中心進行親和力成熟，再向外移動，變成高親和力IgG 的抗體產生細胞，以製造抗體。
抗體產生細胞
IgG
另一方面，產生高親和力IgG的B細胞，有一部分會成為記憶性B細胞，潛伏在淋巴結之中。

第 6 章　補充 | Follow Up

❖ 免疫記憶的機制

前面提過，一部分的B細胞會變成記憶細胞（Memory cell），殘留在淋巴結中。抗體產生細胞可製造抗體，但幾個月後會消失，只留下記憶細胞。我們來看 IgM 和 IgG 的產生路徑吧。如**圖 6-1**，第一次感染製造的是 IgM，之後才會轉變為 IgG。不過，第二次感染不再製造 IgM，而是直接大量產生 IgG，所以第二次感染的症狀會比較輕微，恢復速度也比較快。

所以，三江路的實驗一開始才會產生IgM抗體，再轉換成IgG抗體。我們就是要談這個機制吧！

圖 6-2 的主題是記憶細胞的形成。若人體感染某種病原體，對這個病原體具有專一性反應的T細胞或B細胞便會活化、增殖，接著引發免疫反應。T 細胞和 B 細胞在遇到抗原之前，稱為**初始細胞**，活化並產生作用的，則稱為**作用細胞**（p.85）。B 細胞的作用細胞就是抗體產生細胞，而增殖的細胞一部分會成為**記憶細胞**。當身體經過第一次免疫反應且恢復正常後，這種記憶性B細胞會保留下來。B細胞就像殺手T細胞、輔助性T細胞一樣，都有記憶細胞。

是因為記憶細胞的數量很多，所以免疫反應才會很迅速，對不對？

這麼說好像沒錯，可是其實不只是這樣。重點在於「記憶細胞能迅速變成作用細胞」的特性。

免疫記憶可以維持幾年呢？

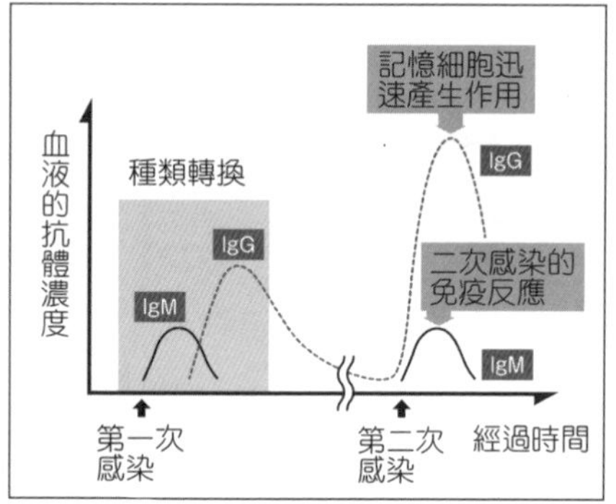

圖 6-1 IgM 與 IgG 的產生過程

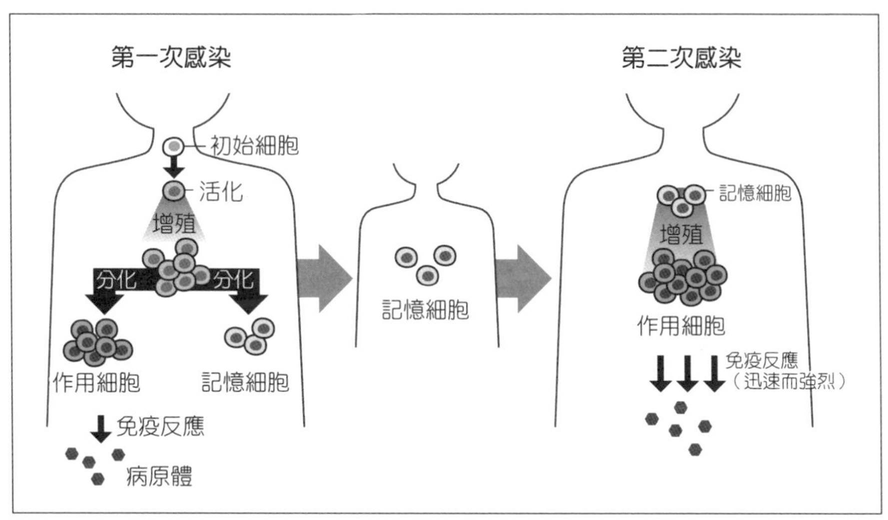

圖 6-2　免疫記憶的機制

在沒有使用免疫記憶的情況下，免疫記憶到底能維持幾年，目前還沒有定論，不過我們已知維持個幾年是沒問題的。有時產生了免疫記憶，甚至可以維持數十年到一輩子。

❖ 淋巴球移動的機制

這些淋巴球到底是如何準確地移動到有需要的地方呢？

這必須利用趨化因子（chemokine）。趨化因子是一種**細胞激素**（cytokine），主要是和細胞的移動有關。免疫細胞會產生對應的趨化因子受體，目前已知的趨化因子已超過五十種，受體也超過二十種。當細胞產生特定的趨化因子，具有相對應受體的細胞就會被吸引過來。細胞會依循趨化因子濃度增加的方向行動。這就是使細胞移動的方式。（圖 6-3）

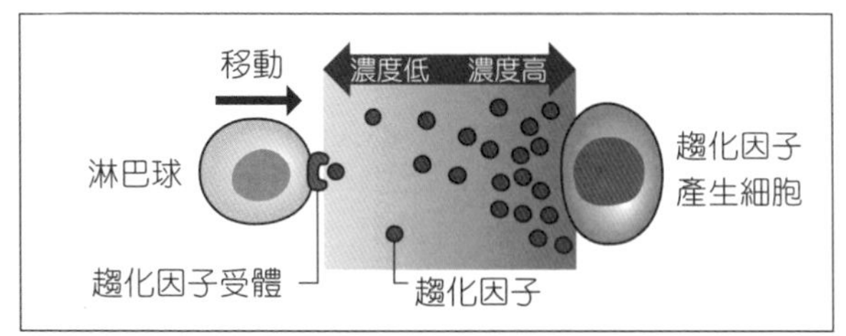

圖 6-3　趨化因子的濃度梯度使細胞移動

淋巴球好像動物，靠氣味來尋找獵物。

細胞就是一種生物啊。舉例來說，雖然淋巴球和嗜中性球的圖示都是圓滾滾的形狀，可是它們卻如右圖所示，以爬行的方式移動喔（**圖 6-4**）。

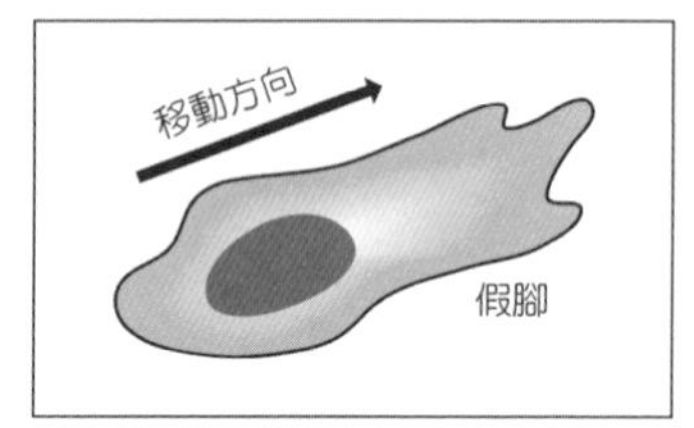

圖 6-4 免疫細胞（淋巴球）移動的方式

細胞在人體組織中，是以爬行方式移動的，可是在血管中循環流動的細胞，如何知道自己該往哪裡去呢？

問得好。基本上，血液中的細胞也是透過趨化因子來指引方向，但它們還需要免疫細胞的整聯蛋白（integrin）。這種分子與細胞的移動方向有關。整聯蛋白有很多種，會與血管內皮的纖網蛋白（fibronectin）結合（**圖 6-5**）。纖網蛋白也分很多種。如果細胞具有某個特定的整聯蛋白，且血管內皮具有可以與此整聯蛋白結合的分子，即可決定細胞移動的方向。所以整聯蛋白與血管內皮結合之後，細胞的趨化因子受體便會接收到訊息，而進入組織。

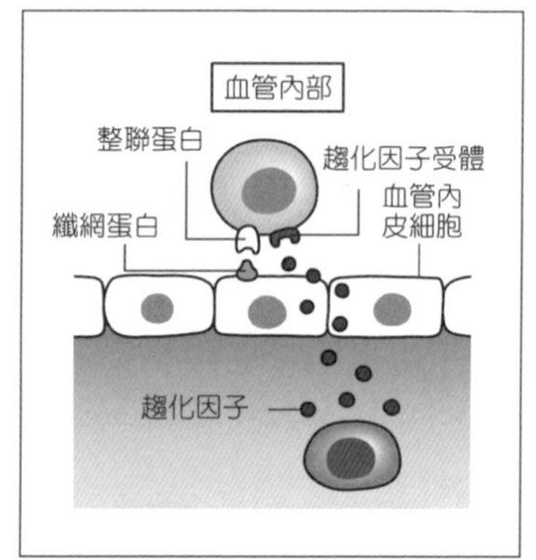

圖 6-5 決定淋巴球移動方位的機制

聽起來好複雜喔。

你們先了解基本原理，而不要只顧著背誦專有名詞。請記得，趨化因子和整聯蛋白可以引導細胞到需要免疫反應的地方。

不用背專有名詞？那我就放心了！

❖ 親和力成熟的機制

人體如何挑選出，可以製造優良抗體的細胞呢？我想認識這個機制。

你的問題很好。我們來看人體發生感染後，淋巴結會發生什麼事吧（**圖 6-6**）。首先，在 T 細胞作用的部分，樹突細胞會待在感染部位捕捉病原體（①），接著遷移到淋巴結，把訊息傳遞給輔助性 T 細胞（②）。輔助性 T 細胞活化後，會開始尋找輔助的對象。目前為止的說明，你們聽得懂嗎？

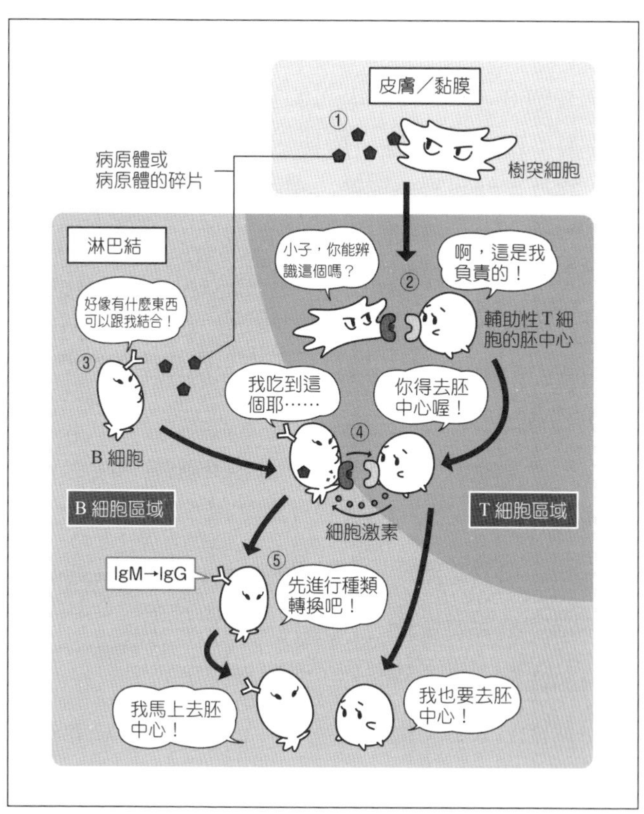

圖 6-6　輔助性 T 細胞遇見 B 細胞，一起前往胚中心

沒問題。

接下來要講B細胞。病原體本身或病原體的碎片，有一部分會流到淋巴結，然後被對應於此抗原的B細胞抗體分子所捕捉（③）。在淋巴結中，捕捉了抗原的B細胞，在T細胞區域和B細胞區域的交界部位（T-B區域）遇到輔助性T細胞，使B細胞活化（④）。而活化的B細胞會回到B細胞區域。聽得懂嗎？

懂。B細胞被輔助性T細胞活化，隨即開始製造抗體。

沒錯。接下來會有戲劇性的轉變。B細胞先發生種類轉換（⑤），前往胚中心（germinal center）。而使B細胞活化的輔助性T細胞，也往胚中心移動。

好像RPG遊戲喔！接下來會發生什麼事呢？好期待。

接著請看**圖 6-7**。前往胚中心的輔助性T細胞，會轉換為濾泡輔助性T細胞（Tfh），這是一種特殊的輔助性T細胞（⑥）。

再來，終於來到親和力成熟（affinity maturation）的重頭戲——進入胚中心的B細胞遇見濾泡樹突細胞（⑦）。此種細胞持續將流入淋巴結的抗原保留在細胞表面，等待作用。而B細胞則藉此再度捕捉到抗原，且將抗原呈現給濾泡輔助性T細胞，再次進行活化（⑧）而大量增殖（⑨），使B細胞的抗體基因產生體細胞超突變（somatic hypermutation，⑩）。

胚中心很仔細地處理抗原耶。濾泡樹突細胞和前文介紹的樹突細胞一樣嗎？

濾泡樹突細胞的形狀，如下頁圖所示，一樣是樹突狀。不過，濾泡樹突細胞不是血液細胞，而是一種間質細胞。

濾泡輔助性T細胞和輔助性T細胞不一樣嗎？

到目前為止，不管是活化吞噬細胞的T細胞，還是活化B細胞的T細胞，都稱為輔助性T細胞。可是輔助性T細胞有很多種（詳見p. 171）。經過特別的分化，而得以活化B細胞的T細胞，則稱為濾泡輔助性T細胞。

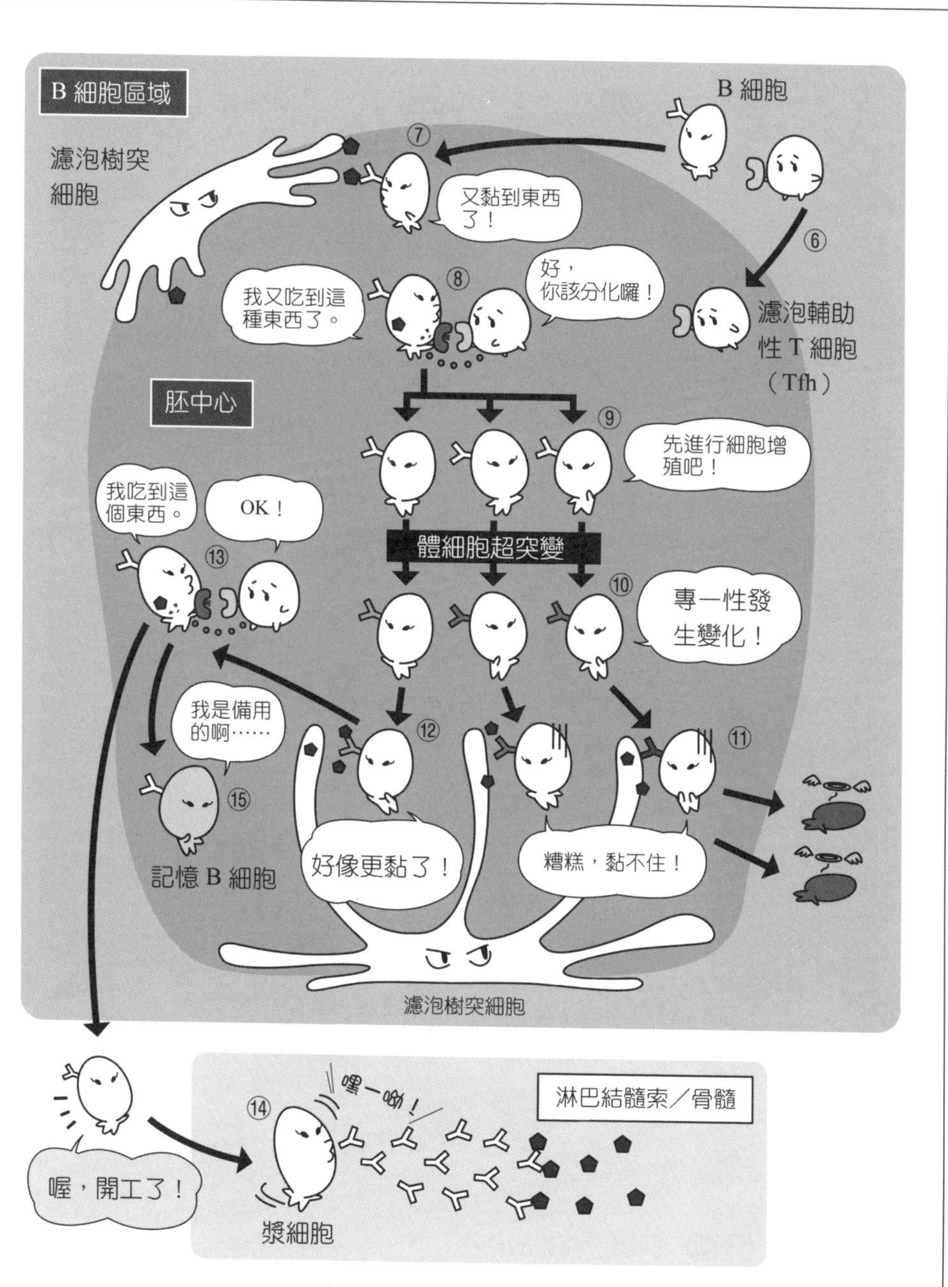

圖 6-7　抗體親和力成熟的機制

體細胞超突變是隨機產生的，所以突變會產生增加抗原結合力的細胞，也會產生降低結合力的細胞。降低結合力的B細胞無法捕捉抗原，也無法接受輔助性T細胞的輔助，因而會走向死亡的命運（⑪）。相對地，增強結合力的B細胞則能更加強力地捕捉抗原（⑫），B細胞可再度呈現抗原給輔助性T細胞，且獲得獎勵（⑬，得到細胞激素）。這個獲得獎勵的B細胞，會分化為漿細胞，可製造抗體（⑭）。
此外，部分B細胞會成為記憶細胞，等待作用的時機（⑮）。
現在你們了解製造優良抗體的過程了嗎？

好厲害喔！我還以為淋巴結腫起來，痛完就沒事了，沒想到淋巴結內部進行了這麼了不起的作用，好驚人！

的確很了不起。沒想到淋巴結的機制這麼精密。

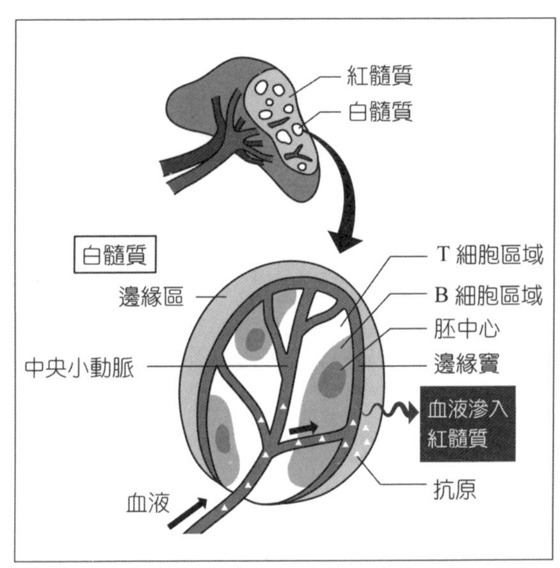

圖 6-8 脾臟白髓質的結構

❖ 脾臟的結構

脾臟是人體最大的次級淋巴器官，功能是吞噬細菌，以及破壞衰老紅血球與血小板。紅髓質會呈現紅色，是因為它含有很多紅血球，此外，紅髓質還含有島狀的淋巴組織，稱為白髓質（圖 6-8）。白髓質是淋巴球的聚集處。

白髓質的中心有中央小動脈，中央小動脈會流過 T 細胞區域和 B 細胞區域，接著分支到周圍，形成邊緣竇。邊緣竇被白髓質的邊緣區所包圍。而邊緣區裡面有淋巴球與巨噬細胞。

另一方面，淋巴球與樹突細胞會從邊緣竇進入白髓質或邊緣區，而出來則是跟著血液，從邊緣竇流出。如此一來，抗原和淋巴球流入脾臟的路徑，就會迴異於流入淋巴結的路徑。

❖ 人體各類型免疫球蛋白的功能與分布位置

此節將以圖 6-9 說明第 5 章與本章提到的免疫球蛋白機能，以及分布位置。

IgM是由五個抗體分子所形成的五元體，分子很大，結合抗體後，會形成大型複合體，容易引發血液凝集反應，也容易與補體反應。由於它的分子很大，所以不會跑到血管外。

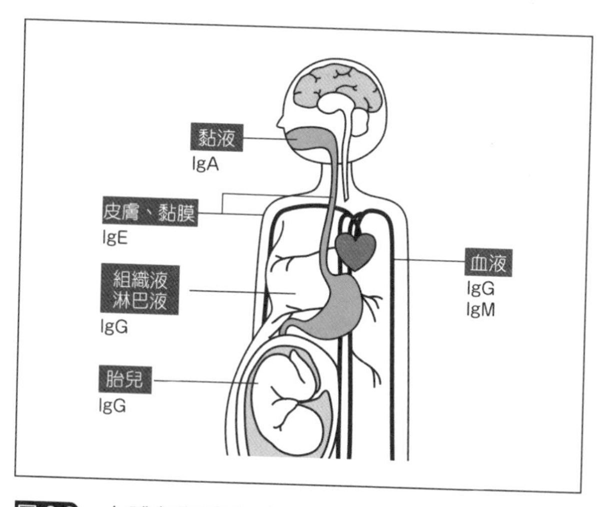

圖 6-9　人體各類型免疫球蛋白的分布位置

IgG是單一抗體分子（單體），也是血清主要的免疫球蛋白。血清約有75%的免疫球蛋白，其中40～50%是IgG，其餘IgG則分布在人體各組織。IgG是唯一可以通過胎盤，進入胎兒的血液與組織液循環的免疫球蛋白。

IgA多為兩個抗體分子（稱為二聚體或雙體），分布於黏膜的黏液內，例如腸道的上皮細胞就會分泌IgA（詳見p.189）。

人體僅有微量的IgE（詳見p.217），但它在與過敏相關的反應中，扮演著重要的角色。IgE與血液中肥大細胞（mast cell）的IgE受體結合，刺激肥大細胞釋放組織胺，產生發炎反應和過敏反應，此外，它亦分布於皮膚與黏膜下方的組織中。

另外，IgD的功能則未明。

❖ 抗體種類轉換的機制

種類轉換改變的是重鏈的恆定區。抗體一開始是IgM型，接著會變化為IgG、IgA、IgE等。恆定區的改變是由基因重組所引起的，不過此改變所利用的機制不同於形成抗原受體多樣性的基因重組機制。

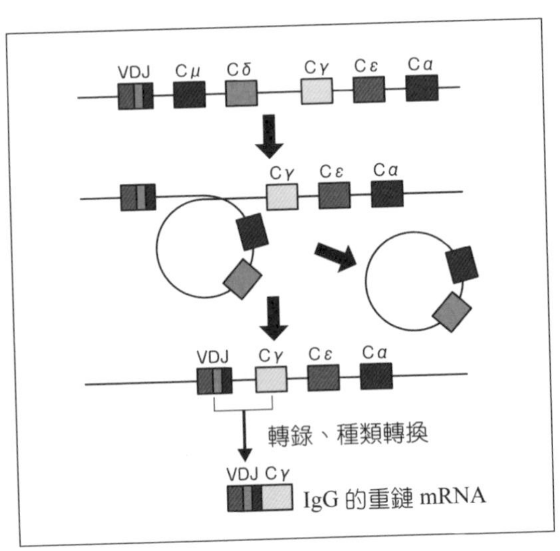

圖 6-10 抗體種類轉換的機制

（引用河本宏的《了解更多！免疫學》，日本羊土社，2011）

IgM轉換為IgG的情況如圖 6-10 所示，在基因轉換過程中，將IgG使用的恆定區基因（Cγ）從中間部分剪下來，與可變區的基因結合。這是免疫醫學專家本庶佑教授，在一九七八年發現的機制。

本庶佑教授的團隊，於二〇〇〇年找到種類轉換機制的關鍵分子——AID。AID 分子不僅作用於種類轉換，也在體細胞超突變（p.148）中擔任重要角色。

另外，產生IgM的細胞也會產生IgD，但不是藉由基因轉換形成，而是因為IgM與IgD的恆定區所轉錄成的mRNA是一樣的；而最後形成的IgM與IgD會不相同，是因為mRNA的剪貼部位不同。

❖ 不依賴T細胞的抗體產生機制

B細胞製造抗體的過程必需有T細胞的協助，不過仍有例外。一些細菌糖鏈或聚合蛋白質所對應的抗體，不用依賴T細胞抗原即可被製造出來。這些抗原分子含有重複排列的型態，會將 B 細胞抗原受體聚集在一起，進而有效觸發活化訊息，使B細胞活化且變成抗體產生細胞。但由於這種B細胞沒有進行種類轉換和親和力成熟，所以產生的抗體只有IgM一種（圖 6-11）。

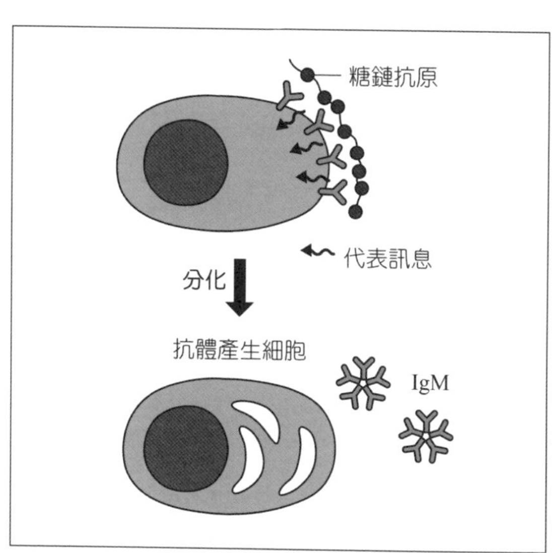

圖 6-11　不用依賴 T 細胞的抗體產生機制

表 6-1 抗原、抗體與血型

血型	抗原表現	血液裡的 IgM
O 型	紅血球	抗 A 抗體　抗 B 抗體
A 型	A 抗原	抗 B 抗體
B 型	B 抗原	抗 A 抗體
AB 型	A 抗原 B 抗原	無

這類 IgM 抗體可見於許多不與抗原會合，就被製造出來的抗體，因此稱為自然抗體。

血型依據紅血球表面的遺傳抗原來決定，此遺傳抗原對應的抗體正是屬於自然抗體。人類的血型有 O 型、A 型、B 型、AB 型，由紅血球表面呈現的糖鏈種類來決定。如表 6-1 所示，A 型的紅血球會呈現 A 抗原，B 型呈現 B 抗原，AB 型呈現 A 抗原和 B 抗原，O 型則不呈現抗原。

所以 O 型的血液中，有抗 A 抗體和抗 B 抗體；A 型有抗 B 抗體；B 型有抗 A 抗體；AB 型則沒有任何抗體。

如上所述，沒有抗原的人會製造對應於「沒有抗原」的抗體；而為了製造抗體，B 細胞必須於某處接受刺激，科學家認為這個刺激可能是來自腸內細菌，這個對應於「沒有抗原」的抗體可能是對應於腸內細菌的抗體，但此論點仍未被證實。此外，對持有抗原的人來說，無法產生對應於此抗原的抗體，是因為負選擇（p.117）。

感染症與免疫細胞的分工

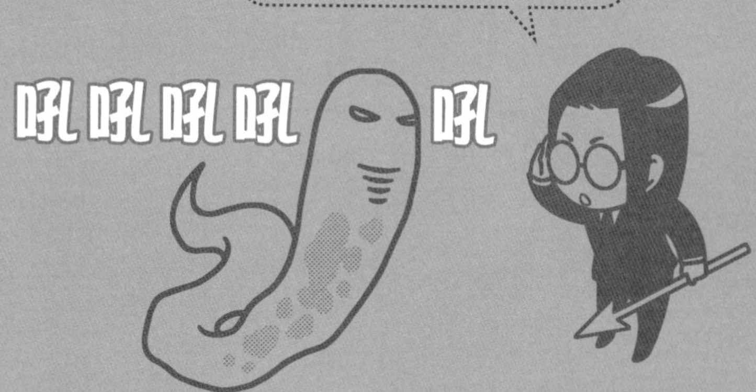

第 7 堂課

九月——德井老師的論文被 Reject※

※投稿的文章被學術期刊拒絕

請問！聽說德井老師的論文被Reject，這是指文章不能刊登於期刊的意思嗎？

可是，可以送到別的
期刊重新投稿吧？

Yes……
不過，心情還是
很 Heavy 啊。
對學者來說，論
文被 Reject 等於
自己被否定，
心情難免會低落
一陣子，進入
dark side 喔。
消沉——
消沉——

被Reject是研究室的大
問題，德井老師心情
當然會不好，不過那
份 paper 和我沒什麼關
係，所以對我的影響
較小囉。
園松老師沒
因此受到影
響嗎？

這堂課要談感染與
免疫，開始上課之
前，請告訴我你們
對課程的 wish 吧。
嗯……wish？

到目前為止，
我們都只有聽
課。
除了上課內容要
深入，我還想增加
上課互動，以便徹
底了解基本機制。

OK!
Are you ready?
啪

Ready！

7-1 ✣ 各種感染

我們先來看感染症的種類，請舉例有哪些種類。

從妳開始。

那個……

細菌、病毒，還有……
細菌
病毒

真菌。
搶我的話……
嗚
真菌
寄生蟲！
哇！
好噁心！
OK。
此外，還有一個很重要的分類喔。

這就是最主要的四大感染症！
Yes!
That’s it!
細菌 病毒
真菌 寄生蟲

細菌的英文是Bacteria，是單細胞原核生物。
什麼是原核生物呢？

有細胞核和細胞質的細胞，是真核生物。
原核生物是指沒有細胞核和細胞質等構造的細胞，所組成的生物。
原核生物
（細菌）
細胞核與細胞質
沒有隔開
真核生物
細胞核
細胞質

Good job! 一般細菌會在細胞外增殖，但有時會在被感染的細胞內增殖。
著名的細菌包括：痢疾桿菌（dysenterybacillus）、霍亂弧菌（Vibriocholerae）、O157（一種大腸桿菌）等，細胞內的寄生細菌則有結核桿菌（tuberclebacillus）、傷寒桿菌（Salmonellatyphi）等。
細胞外的細菌
寄生於
細胞內
的細菌

接著來看病毒。病毒只由 DNA 或 RNA 的基因物質，以及一層殼所組成，所以無法自行增殖。
殼
DNA/RNA
感染其他細胞
感染
複製
病毒在細胞內複製
病毒須使細胞感染，才可在細胞內複製。

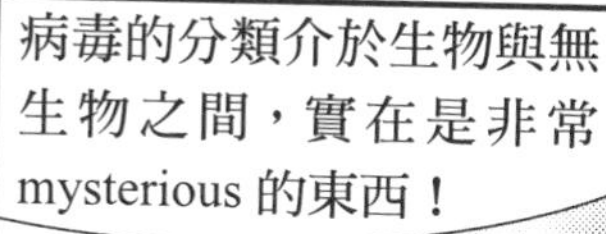
病毒的分類介於生物與無生物之間，實在是非常 mysterious 的東西！

……
最常見的病毒感染症，就是流行性感冒，對了！還有愛滋病～

真菌即是一般所說的黴菌。真菌是真核生物，大部分都是多細胞生物，但也有單細胞生物。
而病原性真菌則有香港腳菌（皮癬菌，dermatophyte）、念珠菌（candida）等。

最後，寄生蟲通常是會寄生的多細胞動物，但廣義的寄生蟲也包括單細胞的原蟲（protozoa）。

棲息於腸道的寄生蟲，其實應該算是位於「體外」，但也有寄生蟲存在於體內。

例如，蛔蟲的成蟲棲息於腸道，但幼蟲期的蛔蟲卻會咬破腸壁，侵入人體……

接著通過肺部，最後才回到腸道。

蛔蟲生命史

幼蟲期

侵入人體

成蟲期

卵

棲息於腸道（體外）

不錯，你很用功！寄生於細胞內的主要是病毒，不過有些細菌和原蟲生物也會入侵細胞。
據此，你們有沒有注意到細胞內感染的其他重點呢？
咦……想不出來……
例如，你們行走於地底王國，突然遭到敵人攻擊……
這時，最重要的是什麼？
吼吼吼吼
什麼啊……這個比喻……
嗯？確保逃生通道嗎？
……是敵人的規模嗎？
No!
請直接戰鬥！
Yes!

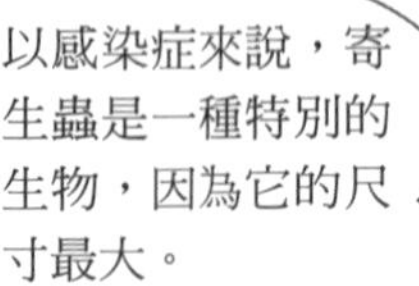
以感染症來說，寄生蟲是一種特別的生物，因為它的尺寸最大。
遇到寄生蟲，無論是吞噬細胞或抗體攻擊都無效。

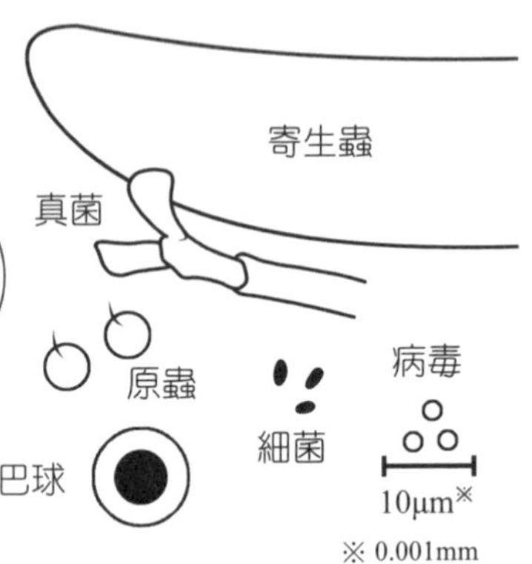
寄生蟲
真菌
原蟲
細菌
病毒
淋巴球
10μm※
※ 0.001mm

好大喔！
人體必須採取其他戰略。

吼吼吼吼
吼
呀
原來如此！人體應該怎麼對應呢？
唉呀呀……

妳想知道嗎？

是的，我想知道！

我依序說明吧。

呵呵呵
呵呵呵
怎麼回事，這種曖昧氛圍……

7-2 ✣ 輔助性T細胞的分工

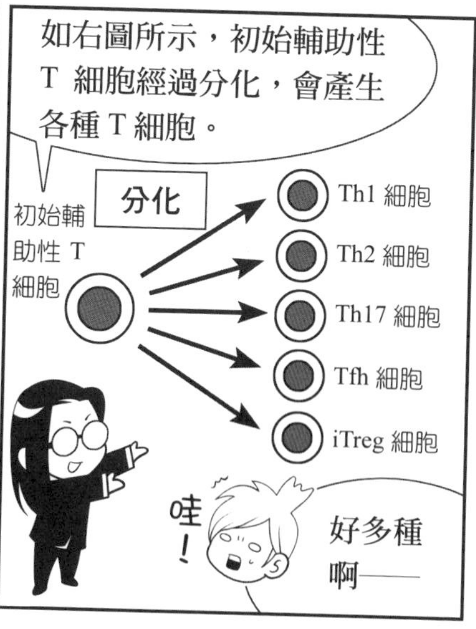

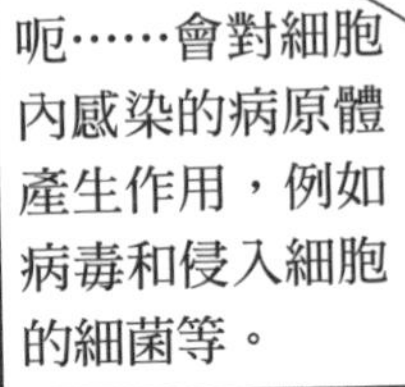

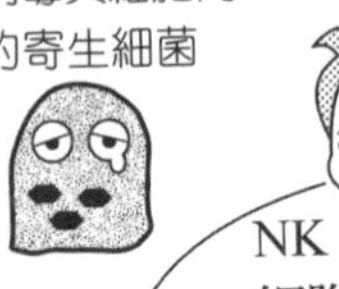

NK 細胞會發現感染
細胞，並殺死感染細
胞吧（p.132）。

Th1 細胞所產生的細胞激素，也會刺激其他淋巴細胞，例如殺手 T 細胞和 NK 細胞。

Th1 細胞的作用很廣泛，除了可以對一般微生物和病原體產生作用，也可以殺死細胞內的病原體。

Th1 細胞

殺手 T 細胞

NK 細胞

細胞內的細菌與病毒

巨噬細胞

細菌

Th1 細胞的能力很強呢！看來 Th1 可以作用於所有病原體呢！

No！不是喔。
遇到寄生蟲，Th1 細胞無法發揮戰鬥力，必須採取其他戰略。

不對不對

這是因為大小的差異嗎？

Good Answer! 對付寄生蟲，主要是由嗜酸性球、嗜鹼性球、肥大細胞（p. 217）、巨噬細胞來產生作用。

嗜酸性球會釋放攻擊寄生蟲的物質，
巨噬細胞雖然無法吃掉寄生蟲這麼大的敵人，但也能釋放攻擊寄生蟲的物質。

此外，巨噬細胞還能誘導嗜鹼性球和肥大細胞迅速地反應。

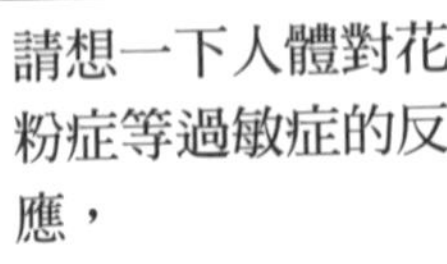
請想一下人體對花粉症等過敏症的反應，
例如迅速腫脹、分泌黏液、發癢等。

我抓、我抓
好癢喔～

等一下有機會我再來說明過敏的症狀，現在我們先來認識過敏反應的「意義」。
你們知道為何過敏反應發生得特別迅速嗎？

我知道，因為人體要趕快趕走外來物，打死它們！

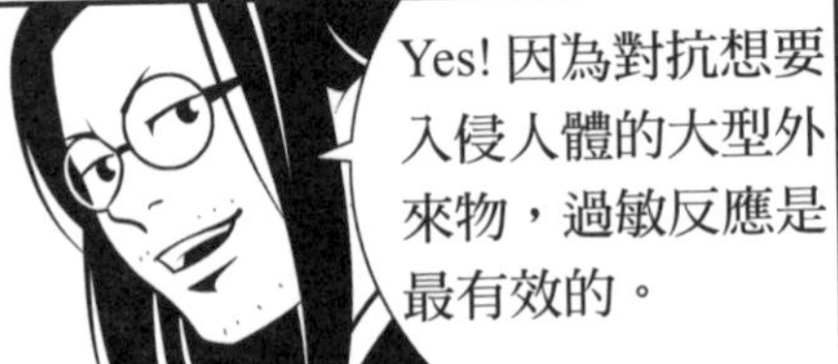
Yes! 因為對抗想要入侵人體的大型外來物，過敏反應是最有效的。

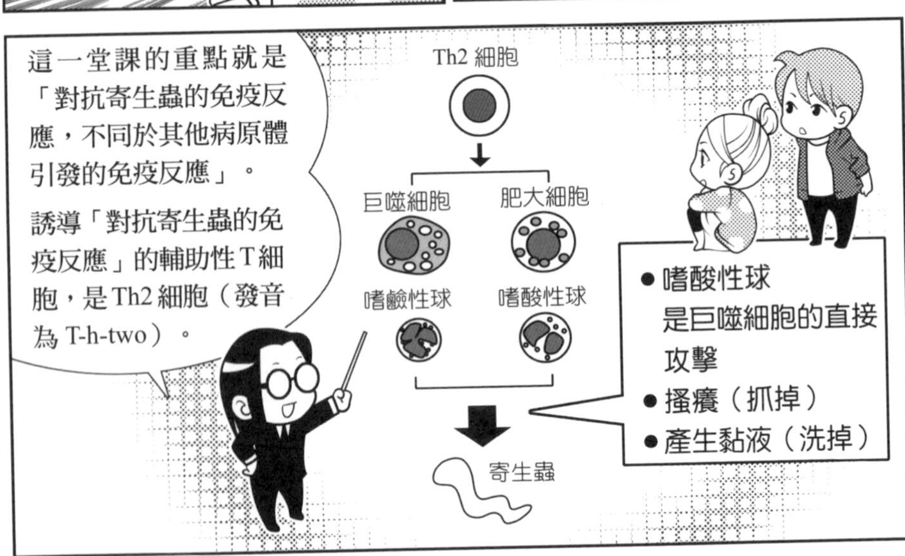
這一堂課的重點就是「對抗寄生蟲的免疫反應，不同於其他病原體引發的免疫反應」。
誘導「對抗寄生蟲的免疫反應」的輔助性T細胞，是Th2 細胞（發音為 T-h-two）。
Th2 細胞
巨噬細胞
肥大細胞
嗜鹼性球
嗜酸性球
寄生蟲
● 嗜酸性球是巨噬細胞的直接攻擊
● 搔癢（抓掉）
● 產生黏液（洗掉）

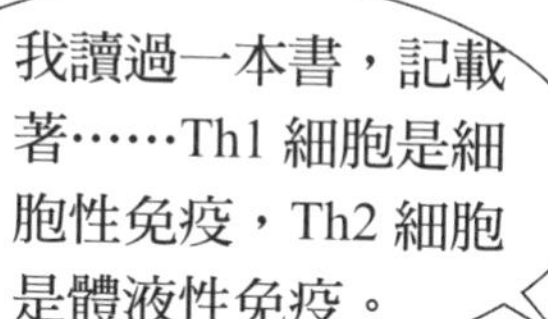
我讀過一本書，記載著……Th1 細胞是細胞性免疫，Th2 細胞是體液性免疫。

的確有這種說法，可是，請不要因此認定「Th2 細胞屬於體液性免疫」喔。

相較於此，不如這樣分類：Th1 細胞「對細菌與病毒產生作用」，Th2 細胞「對寄生蟲產生作用」。
這兩個反應的名稱，沿用 Th1 細胞和 Th2 細胞的名稱，稱為一型免疫反應和二型免疫反應。

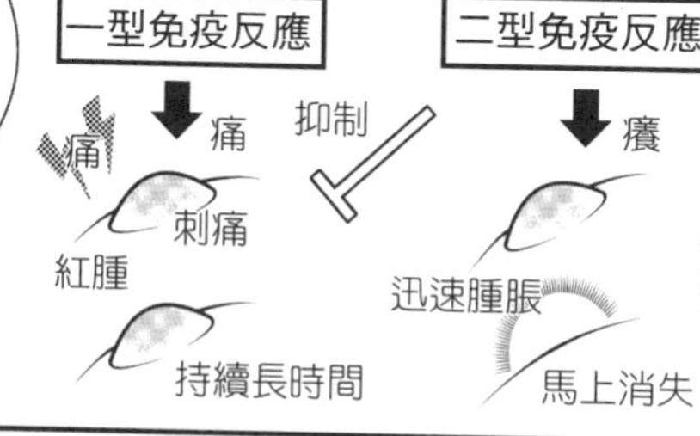
一型免疫反應會對反應部位造成長時間紅、腫、熱、痛的「發炎」現象。
一型免疫反應
二型免疫反應
痛
痛
抑制
癢
刺痛
紅腫
迅速腫脹
持續長時間
馬上消失
另一方面，二型免疫反應會造成迅速腫脹、分泌黏液等現象，而且會同時抑制一型免疫反應的發炎作用。

同樣都是免疫反應，二型免疫反應卻會抑制發炎？

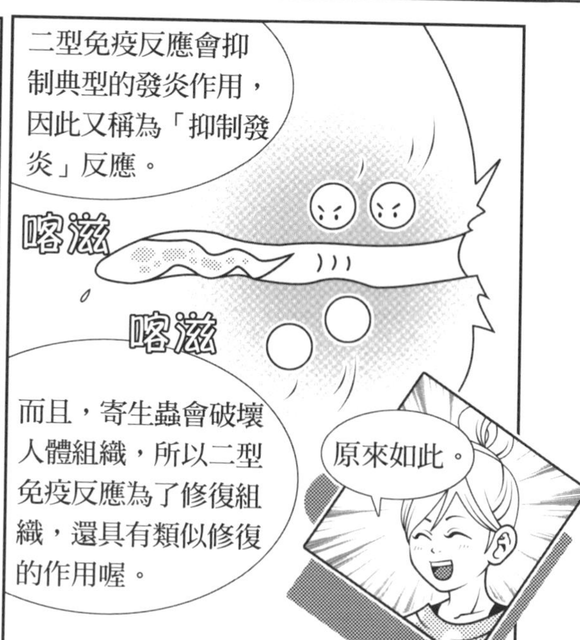
二型免疫反應會抑制典型的發炎作用，因此又稱為「抑制發炎」反應。
喀滋
喀滋
而且，寄生蟲會破壞人體組織，所以二型免疫反應為了修復組織，還具有類似修復的作用喔。
原來如此。

因為以對付細菌的發炎反應來對抗寄生蟲的感染，是沒什麼效果的。

舉例來說，受到 Th1 細胞和 Th2 細胞影響，而產生作用的巨噬細胞……
稱為 M1 巨噬細胞，以及M2 巨噬細胞。

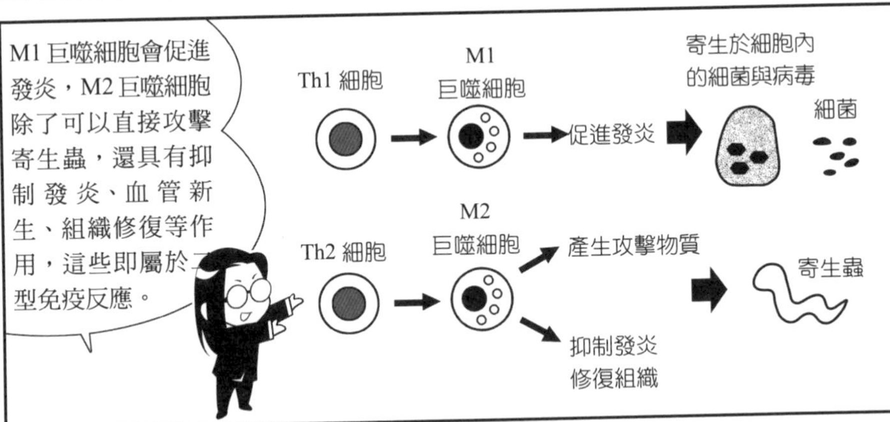
M1 巨噬細胞會促進發炎，M2 巨噬細胞除了可以直接攻擊寄生蟲，還具有抑制發炎、血管新生、組織修復等作用，這些即屬於二型免疫反應。
Th1 細胞
M1
巨噬細胞
促進發炎
寄生於細胞內
的細菌與病毒
細菌
Th2 細胞
M2
巨噬細胞
產生攻擊物質
抑制發炎
修復組織
寄生蟲

我終於了解一型和二型免疫反應大不相同了！
But!
咚
輔助性 T 細胞比較複雜！除了前述幾種，還有其他不同反應的輔助性 T 細胞。
我來為妳介紹 Th17 細胞！

嗯？為什麼從 Th1、Th2，一下子跳到 Th17 呢？
這傢伙是誰啊？
嗯————
1
2
17

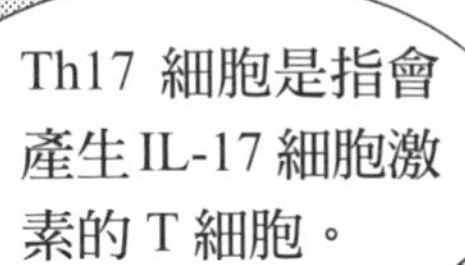

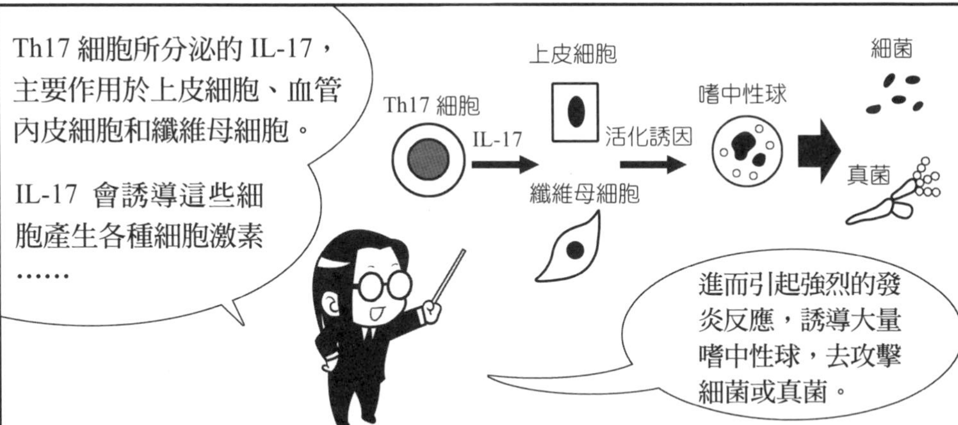

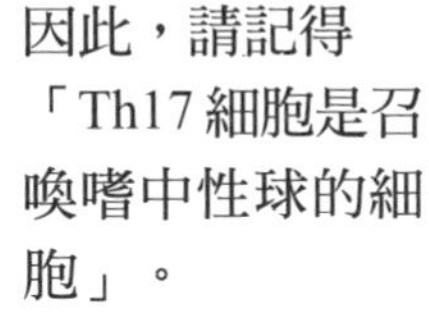

嗜中性球是一種重要的白血球，終於輪到它出場啦！

接下來要講有點特殊的輔助性 T 細胞——濾泡輔助性 T 細胞，簡稱為 Tfh 細胞（發音為 T-f-h）。

其他輔助性 T 細胞會在淋巴結活化，再移動到周邊組織進行作用，但這個細胞會留在淋巴結裡面。你們學過這個細胞嗎？

上次學過了（p.154）。

濾泡輔助性T細胞會在胚中心誘導種類轉換或親和力成熟吧？
胚中心
又吃到這種東西了。
好，分化吧！
B 細胞
濾泡輔助性T 細胞

Oh! Perfect!
你們學得不錯。
如此一來，人體製造的抗體，便可作用於各種病原體，尤其是對病毒的效果特別好。
可是病毒會入侵到細胞內吧？抗體能進入細胞嗎？

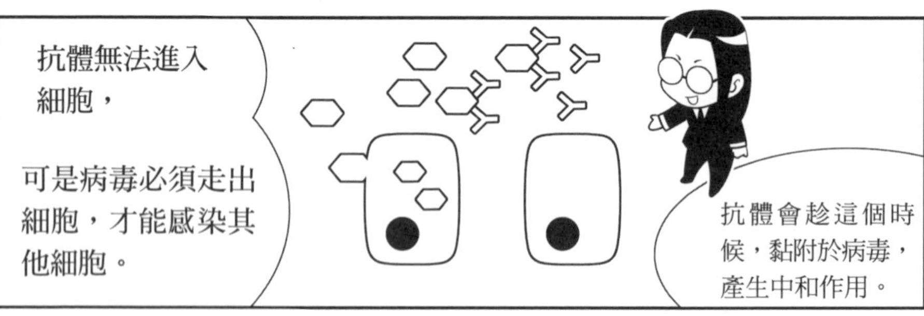
抗體無法進入細胞，
可是病毒必須走出細胞，才能感染其他細胞。
抗體會趁這個時候，黏附於病毒，產生中和作用。

Oh! I see!
呃……

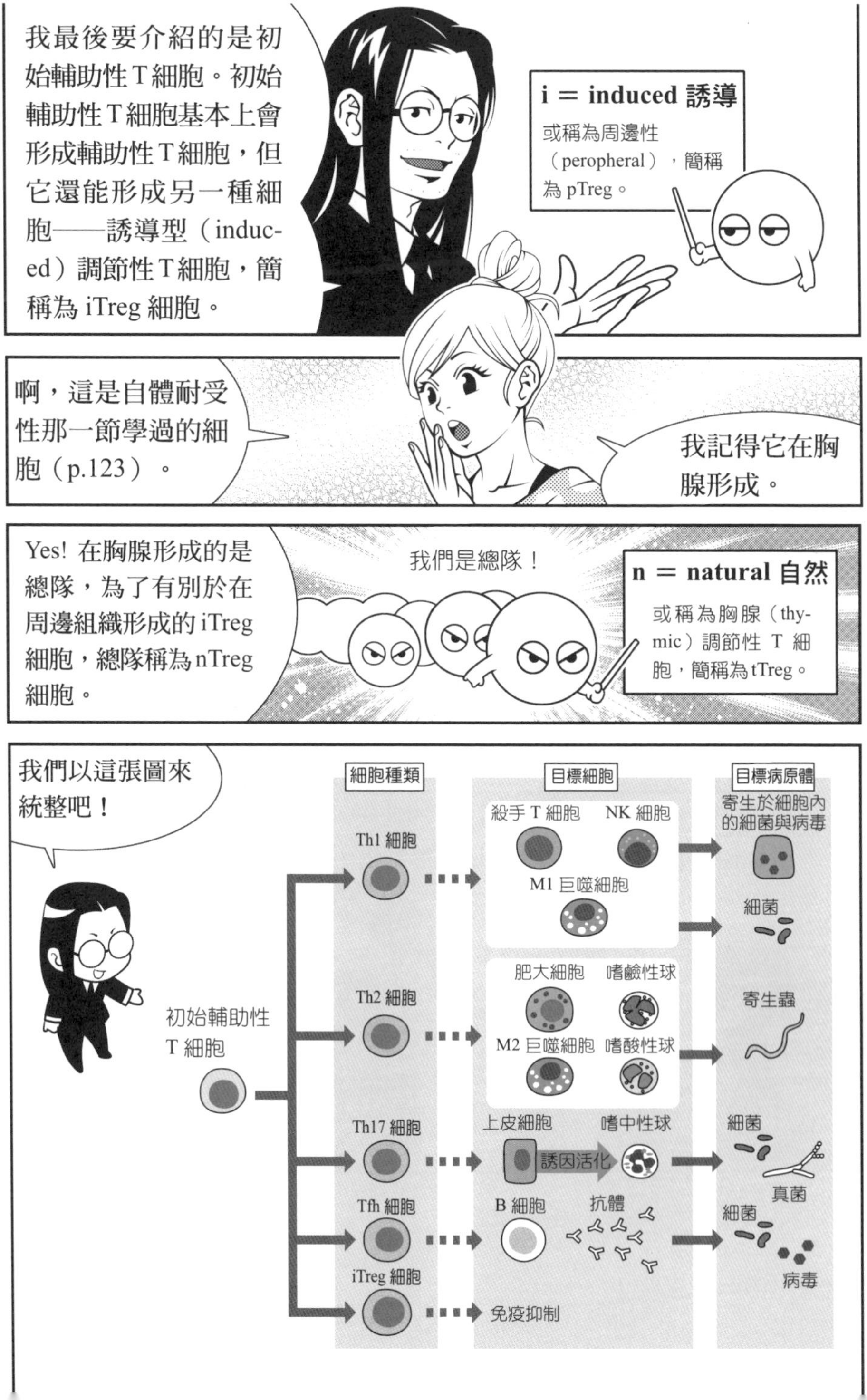

Yes! 在胸腺形成的是總隊，為了有別於在周邊組織形成的 iTreg 細胞，總隊稱為 nTreg 細胞。

我們是總隊！

n = natural 自然

或稱為胸腺（thymic）調節性 T 細胞，簡稱為 tTreg。

我們以這張圖來統整吧！

細胞種類　目標細胞　目標病原體

初始輔助性 T 細胞

Th1 細胞 → 殺手 T 細胞、NK 細胞、M1 巨噬細胞 → 寄生於細胞內的細菌與病毒、細菌

Th2 細胞 → 肥大細胞、嗜鹼性球、M2 巨噬細胞、嗜酸性球 → 寄生蟲

Th17 細胞 → 上皮細胞 誘因活化 嗜中性球 → 細菌、真菌

Tfh 細胞 → B 細胞、抗體 → 細菌、病毒

iTreg 細胞 → 免疫抑制

開
門

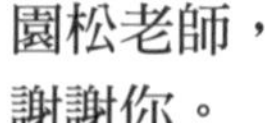
園松老師，
謝謝你。
我的論文方向已經決定了，現在我要和這個研究有關的研究生討論要做的實驗。

你們聽得懂園松老師的授課內容嗎？
Yes! 老師細心地教導我們，所以我已經知道細胞如何針對感染症，進行分工了。

鈴波的適應力真好，第一次見面就和園松老師相處融洽呢。
哈哈哈

園松老師，
非常謝謝你。
You are welcome.

可能是因為教授傳授了恢復咒語啊，德井老師很有女戰士的感覺呢。
德井老師恢復精神，可喜可賀。
HAHAHA
說到咒語……
其實我早就注意到了……園松老師，您喜歡電玩遊戲嗎？
我覺得阿羅羅木老師屬於奇幻系。
Wizard!
Yes!
當然！我有收集懷舊電玩呢。
Yes! 我最喜歡電玩了，尤其是RPG。
呵呵呵
您該不會蒐集了所有遊戲機吧？
OK!
OK!
哇！下次請借我您推薦的遊戲。
她到底是來幹什麼的啊……

❖ 細胞激素決定輔助性T細胞的種類

老師，我有問題！一開始都是初始輔助性T細胞，後來怎麼會轉化成不同類型的輔助性T細胞呢？

Good question! 基本上，樹突細胞與輔助性T細胞作用的時候，樹突細胞會產生許多種細胞激素，以決定輔助性T細胞分化的方向。而分化後，各種輔助性T細胞也會製造各種細胞激素。

那麼，我們來一個個探討吧，首先是 Th1 細胞，請看圖 7-1。你們還記得細胞性免疫有哪些細胞激素嗎？

樹突細胞會分泌 IL-12；輔助性 T 細胞則會分泌 IFNγ，以活化巨噬細胞，啟動吞噬作用。

Yes！這就是細胞性免疫基本的作用型態。IFNγ不只會對自己（輔助性T細胞）產生作用，也會對殺手T細胞產生作用。刺激 Th1 細胞形成的另一個重要細胞激素是IL-2，它也會活化殺手T細胞。

接著是Th2 細胞。Th2 細胞的產生是受到IL-4 的作用，Th2 細胞形成後所分泌的IL-4 或IL-5，會活化嗜酸性球、嗜鹼性球、肥大細胞等。

再來是 Th17 細胞。誘導 Th17 細胞產生的主要細胞激素是 IL-6 和 TGF-β，Th17 細胞會製造IL-17，所以稱為Th17 細胞。

現在先不談 Tfh 細胞，直接來看誘導型調節性 T 細胞，亦即 iTreg（inducedregulatory T cell）的產生過程。我們與Th17 細胞一起討論吧！若 TGF-β 和 IL-6 同時作用，會產生 Th17 細胞，但如果只有TGF-β的存在，則會產生誘導型調節性T細胞。

原來如此，是否有IL-6，會決定免疫反應是被抑制或促進。

沒錯。

最後來談論 Tfh 細胞（follicular helper T cells，濾泡輔助性 T 細胞）。IL-6 和 IL-21 會影響 Tfh 細胞的形成。Tfh 細胞形成後，會分泌 IL-21，誘導 B 細胞增殖。B 細胞增殖以後，會表現哪一種抗體，則依照 Tfh 細胞所分泌的細胞激素而定。你們還記得抗體分子有哪些類型嗎？

我記得會從 IgM 開始進行種類轉換，變成 IgG、IgA，或是 IgE 吧？

沒錯。誘導抗體進行種類轉換，變為 IgG、IgA、IgE 的細胞激素，分別是 IFNγ、TGF-β、IL-4。

好難喔，我記不起來。

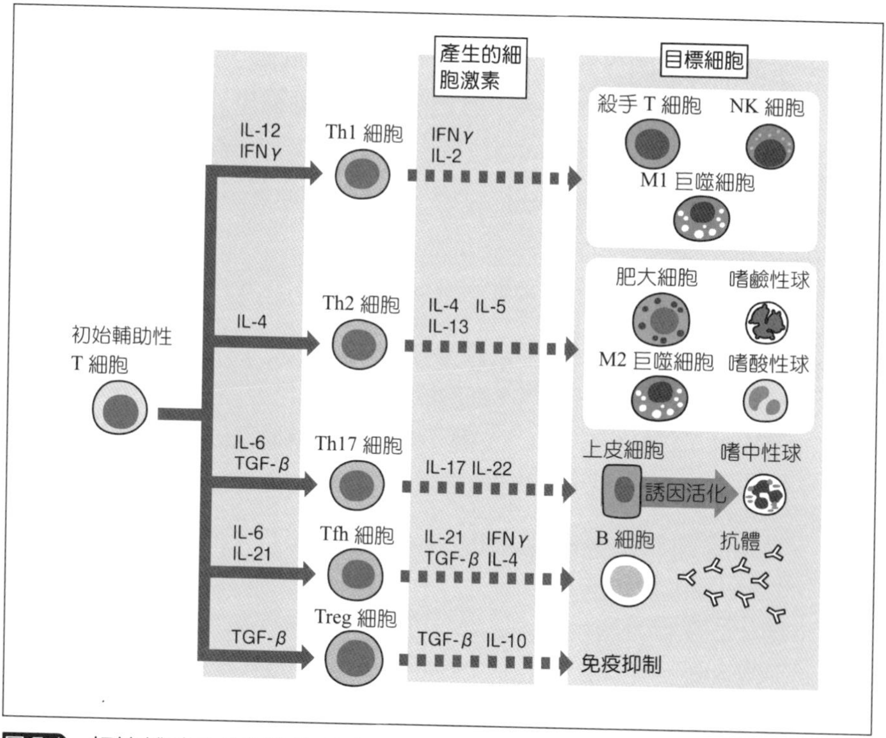

圖 7-1　初始輔助性 T 細胞的分化與產生因子

唉呀，妳沒必要全部背起來啦，只需記得與Th1 細胞、Th2 細胞有關的部分。

由圖可知，很多細胞激素會刺激自己耶。

沒錯，你觀察到重點了。基本上，這些主要的細胞激素作用，都能幫助細胞本身分化，同時妨礙其他細胞的分化，因此能讓整體的細胞分化穩定進行。細胞分泌各種細胞激素，相互調節，這個機制稱為**細胞激素網**（cytokine network）。

各國研究者皆對細胞激素的研究有所貢獻，其中，日本的岸本忠三老師和平野俊夫老師發現了IL-6，並已進入臨床應用。

❖ 新發現的先天性淋巴球

我們來談談另一個話題吧。NK 細胞是屬於先天免疫系統淋巴球的代表性細胞（p.58，p.132）。另外，科學家還在一九九〇年代發現了淋巴組織誘導細胞（lymphoid tissue inducer：Lti），它與淋巴結的形成有關。長久以來，人們只知道這兩種先天性淋巴球（innate lymphoid cell，簡稱ILC），不過二〇一〇年科學家發現了自然輔助細胞（Natural helper cell，NH cell），接著又發現一些新的先天性淋巴球。

什麼？又發現了新細胞嗎？我沒聽過耶。

免疫學深無止境啊！把這種最新發現的先天性淋巴球以本章的方法分類，亦即利用輔助性T細胞的分類法，可分為ILC1（一型先天性淋巴球）、ILC2、ILC3（**圖 7-2**）。NK 細胞和 Th1 細胞都會產生IFNγ，屬於一型。NH細胞屬於ILC2，而Lti細胞屬於ILC3。

對應於Th17 的先天性淋巴球名稱不是ILC17，而是ILC3 啊。

嗯，因為已分成一型、二型，所以Th17 還是歸為三型會比較好啦。

NH細胞會像M2 巨噬細胞一樣，受Th2 細胞的影響而作用嗎？

Good question! NH細胞雖然會受Th2 細胞的影響而作用，但它還是具有獨立的作用，舉例來說，人體若感染寄生蟲，受到傷害的上皮細胞會釋放特殊的細胞激素，使NH細胞發生反應，引起二型免疫反應。

先天性淋巴球				
分類	代表性細胞種類	產生的主要細胞激素	目標病原體	對應的輔助性 T 細胞
ILC-1	NK 細胞	IFNγ	寄生於細胞內的細菌、病毒	Th1
ILC-2	NH 細胞	IL-13	寄生蟲	Th2
ILC-3	Lti 細胞	IL-17 IL-22	細菌、真菌	Th17

圖 7-2　先天性淋巴球的分類

❖ 感染症狀的強弱

老師，我可以問一個問題嗎？為什麼有些人很容易感冒，或拉肚子呢？

OK，這個問題有點籠統，不過從免疫學的角度來看卻很重要。

這個問題大致可以從四個方面來解釋。①黏膜和皮膚屏障功能的強弱，②免疫細胞的數量與功能，③免疫力的差異，④ MHC 分子的多樣性。

我們從 P.186 的**圖 7-3** 可以看見這四點。首先說明「①黏膜和皮膚屏障功能的強弱」，舉例來說，如果黏膜變乾，屏障功能就會下降，因此黏膜較乾的人比較不能抵抗感冒病毒。而老年人的免疫細胞數量較少，免疫力自然較弱，可證明「②免疫細胞的數量與功能」。然而，年輕人若壓力過大，免疫細胞的數量與功能還是會大受影響。

難怪我常聽說，壓力大容易感冒。但這個現象的機制到底是怎麼一回事啊？

請想像動物遇到天敵的狀況。當動物產生了壓力，交感神經的作用增強，使腎上腺釋放腎上腺素或類固醇，造成心跳加快、血壓上升，即可增加攻擊或逃跑的能力。而類固醇的分泌會全面抑制免疫力，因為遇到掠食者是攸關生死的時刻，並不是產生發炎反應的適當時機，所以面對壓力，免疫反應會受到抑制。

原來如此，有道理耶。

對人類來說，遇到壓力或緊張的狀況，都會發生類似的情形。如果長期累積壓力，免疫力就會經常受到抑制。除了壓力，還有其他減低免疫細胞數量或降低免疫力的因素，舉例來說，隨著年齡增長，胸腺製造的T細胞數量會快速減少，使免疫力降低。另外，營養不良也會降低免疫細胞的數量與功能。營養素對於免疫力的維持是很重要的，其中，維生素和鋅對免疫力的影響尤甚。

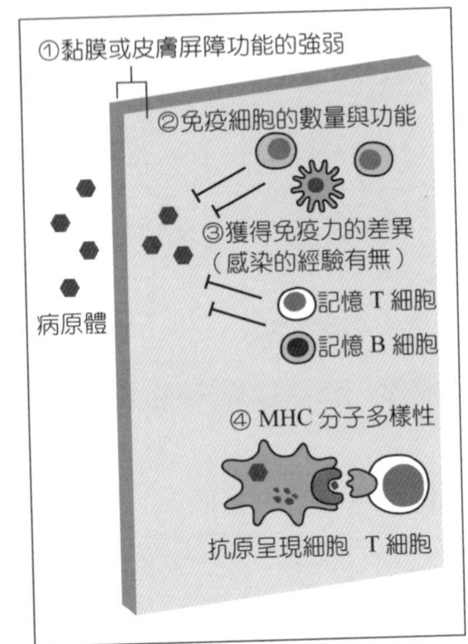

圖 7-3 決定免疫力強弱的 4 個因素

吃什麼食物可以提高免疫力呢？

這個問題很常見，但其實沒有特定的食物具有提高免疫力的功能，均衡飲食才會對免疫力有所幫助。

接著是「③免疫力的差異」。免疫力是指人體對感染的抵抗力。曾經受過各種感染的人會比沒有感染過的人，更具有抵抗力。對於特定的感染，我們可以透過接種疫苗，來讓身體產生抵抗力。

最後，「④MHC分子的多樣性」比較難懂。
我們已知 MHC 分子（主要組織相容性複合體）會與抗原結合，把抗原呈現給T細胞，但其實這種分子因人而異。人類的MHC分子稱為HLA（human leukocyte antigen，人類白血球抗原）。屬於第一型的MHC分子有HLA-A、HLA-B、HLA-C三種；屬於第二型的則有HLA-DR、HLA-DP、HLA-DQ 三種（**圖 7-4**）。人類的 MHC 分子有數百種，每個人都不太一樣，因此器官移植才會有排斥的問題。

為什麼 HLA 會因人而異呢？難道人體的設計，原本就是為了拒絕別人的器官組織嗎？

不是的。在演化過程中，沒有必要去拒絕別人的器官組織。

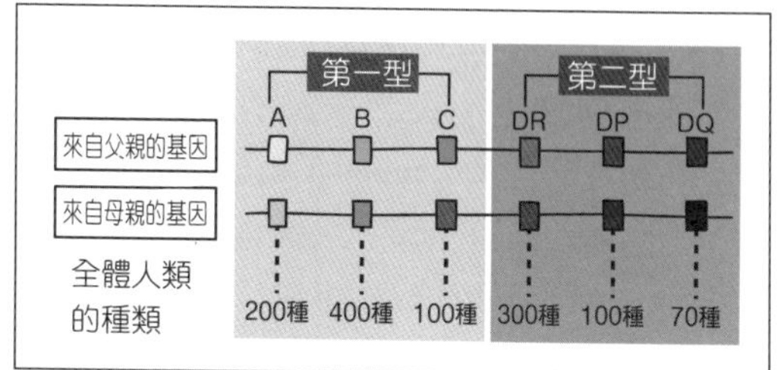

圖 7-4　人類 HLA 基因

這是為了對抗感染。假設所有人都擁有同一種HLA分子，若發生某種病原體感染，而這種病原體分子的胜肽片段無法順利與我們的HLA 分子結合，就無法引發免疫反應，人類可能會因此滅絕。不過，如果有些人的HLA分子可以和這種病原體順利結合，這些人的免疫力就會發生作用，而得以生存下來。HLA分子的種類不同，比較有利於人類，因此在演化過程中，MHC 分子產生了多樣性（**圖 7-5**）。

原來如此，「因為每個人的 HLA 分子不同，所以面對同一種病原體，有些人容易感染，有些人則不容易感染」。

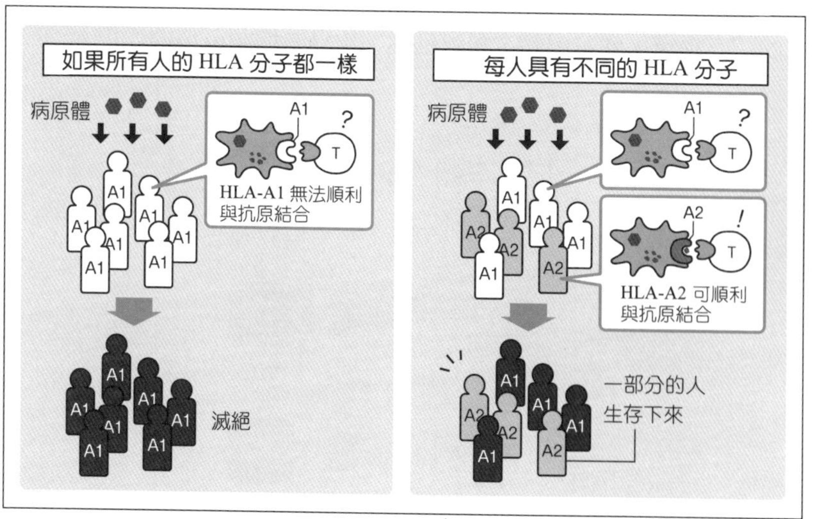

圖 7-5　HLA 分子的多樣性，有利於種族生存

❖ γδT細胞與NKT細胞

到目前為止，我們學過的T細胞有：輔助性T細胞（helper T cell）、殺手T細胞（killer T cell）、調節性T細胞（regulatory T cell），而本章又介紹輔助性T細胞可分為：Th1細胞、Th2細胞、Th17細胞、Tfh細胞等。此節會介紹兩種新的T細胞，一種是γδT（發音gamma delta T）細胞，另一種是NKT細胞（natural killer T cell，自然殺手T細胞）。依照T細胞受體的種類，T細胞大致可分為αβT（alpha beta T）細胞，以及γδT細胞。NKT細胞屬於αβT細胞（圖7-6）。

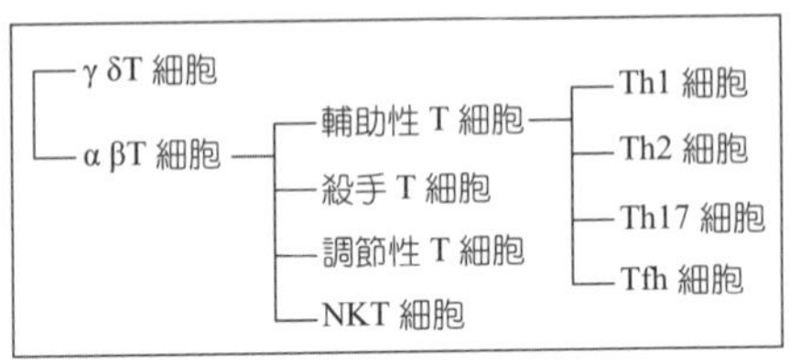

圖 7-6 T細胞種類

NKT細胞與γδT細胞的作用是殺死感染細胞。相對於殺手T細胞以辨識第一型MHC分子所呈現的胜肽抗原來殺死感染細胞，NKT細胞則是以辨識CD1d分子所呈現的醣脂質（一種糖蛋白分子）抗原來殺死感染細胞。NKT細胞除了會對來自病原體的醣脂質抗原產生反應，也會被人體的醣脂質抗原活化，不只能殺死細胞，還具有類似輔助性T細胞的作用，會分泌大量的細胞激素。NKT細胞與生物體防禦有關，亦可抑制免疫反應。

γδT細胞可直接辨識磷脂或焦磷酸（pyrophosphoric acid）等小分子（圖7-7），大量存在於腸道黏膜下方等處，一旦偵測到感染細胞或腫瘤細胞所釋放的特有物質，就會出動、殺死細胞，也具有抑制免疫的作用。

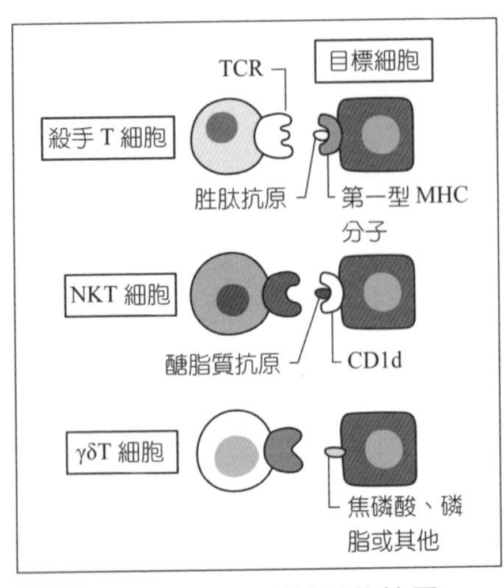

圖 7-7 各種T細胞所辨識的抗原

❖ 疫苗

疫苗是人類的偉大發明。在人類歷史中，天花（smallpox）病毒曾對人類的生存造成嚴重威脅，而天花疫苗的發明使天花終於從此絕跡（美國和俄國等研究所還保留著天花病毒）。

疫苗可根據保留病原體的活性程度，分為減毒疫苗（attenuated vaccine），以及利用死亡病原體的非活性疫苗（inactivated vaccine）。減毒疫苗又稱為活性疫苗。疫苗進入人體，會啟動免疫系統的記憶，使人體若再次感染相同病原體，可以迅速啟動防禦機制，提高免疫力。

不過，疫苗並不是對所有的感染都有效，舉例來說，疫苗對寄生蟲和真菌就無效。另外，愛滋病毒具有多變性和多樣性，使免疫系統過去的記憶無法更新，因此無法製造有效的疫苗。

❖ 腸道免疫

1) 黏膜的攻防戰

腸道經常接觸大量細菌，比皮膚更容易感染，因此，腸道的黏膜常有許多淋巴球。腸道有一種類似淋巴結的器官，稱為派亞氏淋巴叢（Peyer's patch，參照p.140）。派亞氏淋巴叢緊貼於黏膜，含有一種M細胞，會捕捉抗原（**圖7-8**）送入淋巴叢內。

存在於腸道上皮細胞間隙的淋巴球稱為腸上皮細胞間淋巴球，這些淋巴球主要是γδT細胞或特殊型態的CD8T細胞，專門處理受到感染的腸道上皮細胞。上皮細胞下方有輔助性T細胞、樹突細胞、IgA型抗體產生細胞等。IgA經由上皮細胞分泌到腸道中，便會黏附於病原體，使病原體無法入侵黏膜。

2) 食物誘發的免疫耐受性

蛋白質由胺基酸分子串連成鎖鏈狀，進入腸道分解後，會變成胺基酸，再由腸道吸收。然而，有時蛋白質分子在尚未分解完全的狀態下，就像是外來的胜肽。食物對人體來說是外來物，如果完全分解為胺基酸，就不會被視為外來抗原，但如果分解不完全，即可能引發免疫反應。因此，人體為了不引起針對食物的免疫反應，具有一種強烈的誘導免疫耐受性機制，使「吃入的蛋白質」不會引發免疫反應。p.121 的圖是麻痺性誘導機制的作用，類似人體對食物蛋白質的作用。蛋白質抗原要引發人體的免疫反應，必須同時產生危險訊息，若只有蛋白質抗原，則會進入麻痺狀態。除此之外，調節性T細胞也會參與這個作用。

3) 腸道菌叢與免疫

人體腸道裡面存有大量的細菌，這些細菌會分享我們吸收的營養，目前已知，它們還能幫助腸道的消化與代謝。最近科學家還發現，這些腸道菌叢具有抑制壞菌與免疫系統的作用，例如，雙叉乳酸桿菌（Lactobacillus bifidus）產生的醋酸，可抑制病原性大腸桿菌；脆弱類桿菌（Bacteroides fragilis）產生的特定多醣類，會抑制腸道免疫，若沒有這種菌，壞菌便會引起腸炎；節絲狀菌（Segmented filamentous bacteria, SFB）會對Th17 細胞提供適度刺激，使Th17 細胞隨時處於待命狀態。

近年來潰瘍性大腸炎和克隆氏症等腸胃道疾病越來越常見，促使一般大眾更加關心腸道健康，市面上因此出現了許多宣稱可以增加好菌的產品，例如含有各種菌株的優酪乳或寡醣類食品，以及營養補給品等。腸道中的細菌有好菌也有壞菌，好菌通常是指比菲德氏菌（又稱雙歧桿菌）、乳酸桿菌等乳酸菌群，一般稱為益生菌（Probiotics）。有些物質能被「益生菌」處理與利用，成為大腸黏膜細胞的養分，稱為「益菌生」（Prebiotics），例如：果寡糖、木寡糖、糖醇類與膳食纖維等。但正常飲食中已含有足夠的食物纖維，平常只要均衡飲食便已足夠，不需要額外補充這些食品。

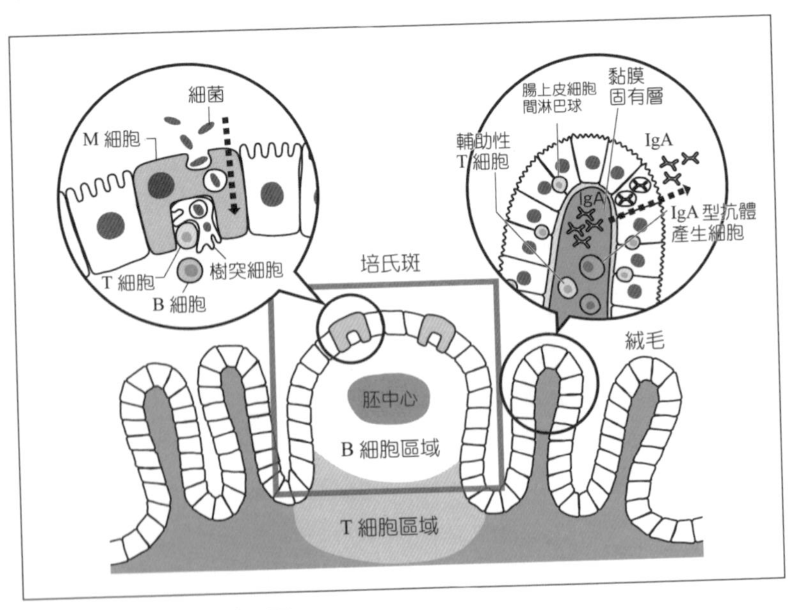

圖 7-8 腸道黏膜剖面圖

第 8 章

對抗癌症的免疫作用

安全裝置出現漏洞？

第 8 堂課

十月——認識癌症的治療

那個……
安池老師，請按照這個大綱明天前完成草稿。
好……
安池老師有點像繭居族耶……
是啊。不過最近他恢復正常了，一個人做實驗做到很晚呢。
他雖然看起來有點不可靠，可是實驗做得很好，數據處理得很漂亮喔。
呀啊啊
正在做實驗的安池
啊啊
是喔……請問你們今天在討論什麼呢？
悶
悶
悶
悶
悶
現在大家都在申請研究經費，我們在討論申請項目，這陣子研究助理都黏在桌子前面埋頭苦幹呢。
這段期間，全日本大學和研究所都是這個樣子喔，如果申請沒過就沒錢啦！

8-1 ✣ 癌症是什麼？

嗯……

我認為，癌細胞是到處增生的細胞。

嗯，這可以算是正確答案。

「到處增生」的確是癌細胞的特性。

人體組織由各種細胞所組成，細胞利用受體與分子互動，監測著周圍環境。

若細胞受到包圍，就不會繼續增生，這是人體的規則。

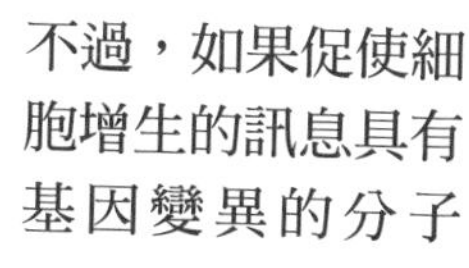
不過，如果促使細胞增生的訊息具有基因變異的分子……

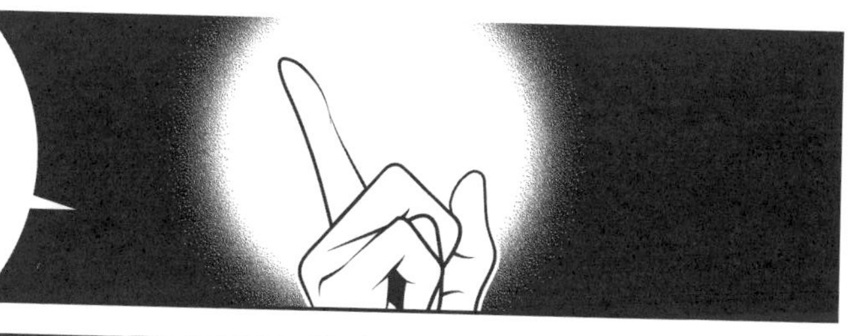

使基因持續活化，而沒辦法停止增生訊息……
或者，如果抑制增生的訊息，因為基因產生變異，功能不完全，而無法完全阻止增生。
衝
衝
衝
衝
叩—

這樣就會造成癌症嗎？

不是，如果只是單純地持續增生，還不算是癌症，把多餘的增生細胞除去即可。
拔除
哇啊—

這個階段稱為良性腫瘤。
但是如果這些增生的細胞累積了更多基因變異，則可能入侵周圍組織或移動到身體其他部位。
入侵周圍組織稱為**浸潤**，移動到其他部位稱為**轉移**。
接下來搬家吧～～
走走走
惡
惡
惡
具有這種浸潤或轉移能力的腫瘤，稱為惡性腫瘤，也就是俗稱的「癌」。
轉移！聽起來好可怕喔。

8-2 ✣ 免疫作用無法排除癌細胞

癌症的基本知識介紹到這裡，接下來要進入主題了。你們知道免疫對癌症有什麼作用嗎？

我知道，電視節目常介紹癌症和免疫的關係……

納命來～

人體每天都會產生很多癌細胞，但是都會被免疫細胞殺死。

好像有一個名詞稱為「免疫監視機制」……年紀大和壓力等原因，都會造成此機制的免疫功能低落，使人較容易罹患癌症。

這樣啊……你們聽過很多說法，不過很可惜，全部錯誤！

首先，人體不會每天產生癌細胞！

免疫系統也不會排除人體產生的癌細胞。

這是最新的研究報告嗎？

不，一九七〇年代就已經知道這些囉。

有一種沒有胸腺的小鼠，稱為裸鼠，牠們因為沒有胸腺，所以完全沒有T細胞。
這代表裸鼠不具有後天免疫系統，因此把人類的癌細胞移植到裸鼠身上也能生長。
然而經過仔細的測試，科學家發現裸鼠的癌症發生率，與一般小鼠完全相同。

什麼？
這麼說來，免疫監視機制並不是罹癌的原因呢。
為什麼會有這種錯誤說法呢？

免疫監視機制衍生自伯內特等人提出的選殖理論（clonal selection theory，又稱克隆選擇理論）。
而且「免疫系統會殺死癌細胞」的說法較容易被人接受，當然，我也希望真是如此。

8-3 ✤ 對抗癌症的免疫反應受到抑制

※ 1.Nature 410: 1107, 2001. Nature 450:903, 2007.
※ 2.Nature 437: 141, 2005. Int. J. Cancer 131:1499, 2012.

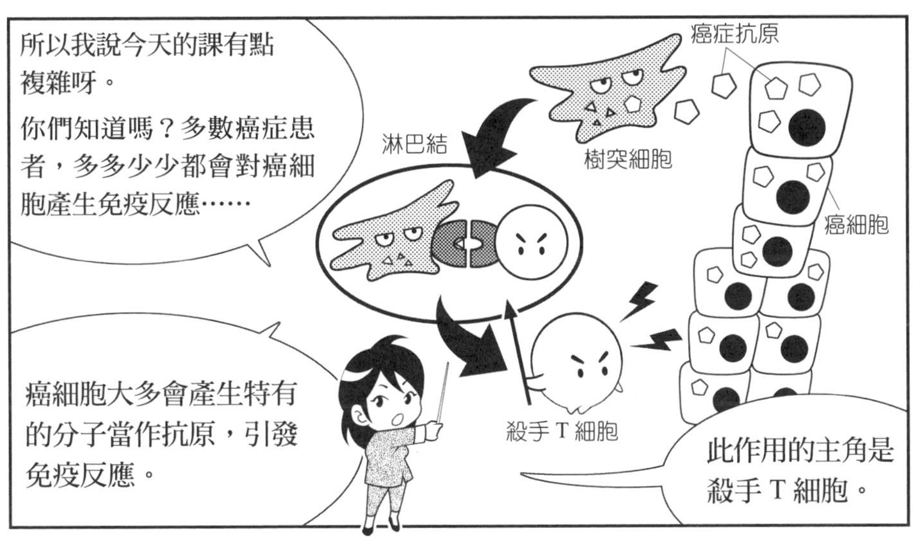

既然如此，為什麼免疫監視機制沒有產生作用呢？

慌張
停住
不行嗎？
STOP!!
癌細胞
嗯…
抑制性細胞
癌細胞分泌的抑制性訊息
正常細胞

因為人體的免疫力會受到各種抑制機制的作用，亦即第 5 章高原老師講解的周邊自體耐受性。

對耶，自體抗原會誘導 T 細胞變成麻痺化，也會誘導調節性 T 細胞的抑制作用（p.127）……

呈現自體抗原的樹突細胞
調節性 T 細胞
會自體反應的 T 細胞
麻痺化

沒錯。這種機制也會對癌症抗原產生作用，但卻會因此誘導活化的T細胞變成麻痺化 T 細胞。

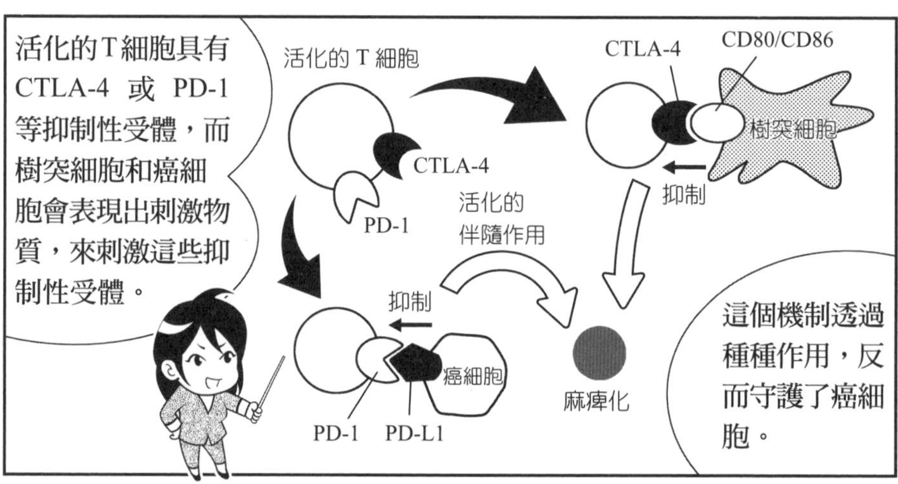
活化的T細胞具有CTLA-4 或 PD-1 等抑制性受體，而樹突細胞和癌細胞會表現出刺激物質，來刺激這些抑制性受體。
活化的 T 細胞
CTLA-4
PD-1
CTLA-4
CD80/CD86
樹突細胞
抑制
活化的
伴隨作用
抑制
癌細胞
PD-1
PD-L1
麻痺化
這個機制透過種種作用，反而守護了癌細胞。

原來如此……原本應該自我保護的安全裝置，出現了漏洞啊。
不作為——
嘻嘻嘻
惡
惡

免疫系統不僅無力應付癌細胞，還可能促進癌症。
從已知的研究可知，人體慢性發炎的部位容易產生癌細胞。
有的免疫細胞甚至會把癌細胞當成朋友。

可惡！你們這些背叛者！

給我記住！

為什麼會有這樣的機制呢？

無視我？

居然不理我！

你幹嘛忽視我啊！

反正妳只在乎漫畫吧。

什麼漫畫？是動漫啦！動漫和漫畫完全不一樣！

怒

好了，夠了！

動漫和漫畫的話題請與高原教授討論！

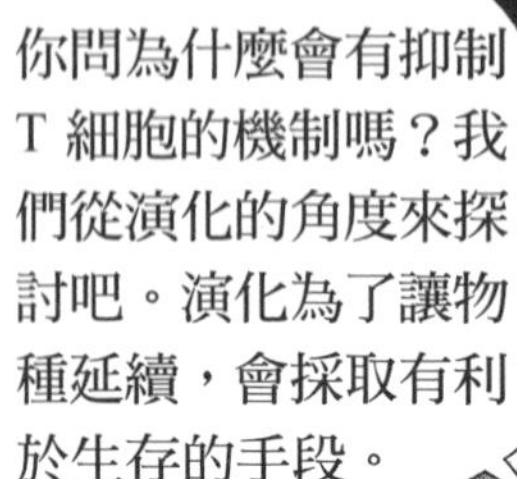

所以在少年、青年時期，人體不容易罹患癌症。

在這些時期，人體主要是進行基因修復和細胞凋亡等作用，不容易產生癌症。

原來如此，年紀大的動物無益於物種的延續啊……

但這個理論卻違反了人類社會的倫理道德。在人類社會中，年紀越大，地位越高呢。

地位高

研究生

學生

唉

以演化論來說，的確是如此。

❖ 免疫力可以殺死癌細胞

免疫雖然承受了各種抑制作用，但在某些情況下，癌細胞仍會引起免疫反應，這是免疫力反撲的致勝關鍵。此節將整理並介紹現行的癌症治療方法（**圖 8-1**）。

免疫治療方法有兩種：一種是非專一性抗原療法，主要是以活化所有免疫細胞的方式來抗癌；另一種是專一性抗原療法。

為什麼有兩種方法呢？只要有專一性抗原療法不就好了嗎？

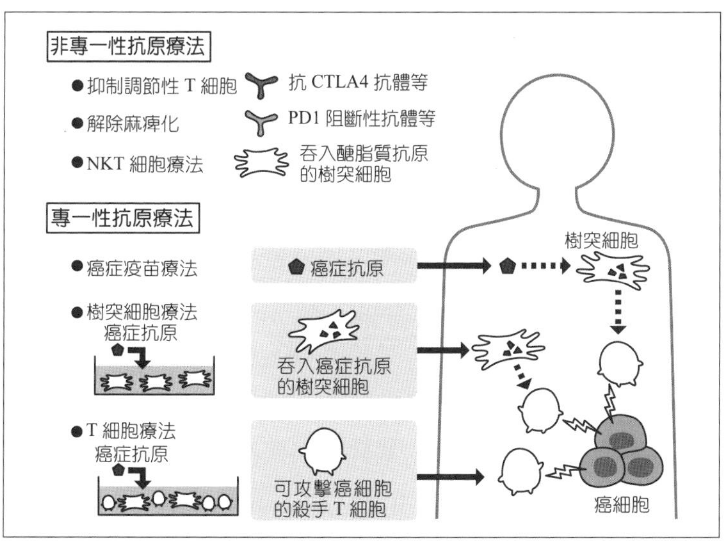

圖 8-1 各種的癌症免疫療法

嗯，好問題。就原理來說的確是如此，但是，非專一性抗原療法同樣具有專一性抗原療法的優點，卻可將同一個方法用於各種癌症，所以能成為專一性抗原療法的輔助療法，運用可阻礙人體去抑制 T 細胞的抗體來治療癌症，即為此方法的實際運用。舉例來說，我們已知對應於CTLA-4 或PD-1 的抗體即可治療一部分的癌症。

另外，大家還記得NKT細胞嗎？

NKT細胞是辨識醣脂質抗原的T細胞（p.188）。

沒錯！將NKT細胞投予醣脂質，以當成抗原，可活化患者的免疫系統，進而抑制癌細胞的增生。現在各國正在進行這種癌症治療的臨床實驗。這個方法並不是直接辨識癌症的抗原，所以屬於非專一性抗原療法。

圖 8-1 列出了目前常見的專一性抗原療法，基本上都會活化殺手 T 細胞。以癌症胜肽抗原類疫苗來說，近來都是利用可被抗原呈現細胞呈現的胜肽分子。

另外，樹突細胞是最有效的抗原呈現細胞，它刺激抗原專一性T細胞的能力，大約比其他抗原呈現細胞高一千倍，因此可在體外培養患者的樹突細胞，讓樹突細胞吞入抗原，再把樹突細胞注射回患者體內，藉此刺激 T 細胞活化。但最直接的方法是在體外將患者的 T 細胞活化，再注射回去。這些方法都稱為過繼性細胞免疫療法（adoptive cellular immunotherapy）。

效果如何呢？

一般約有 20～30%的效果，但只能延緩腫瘤變大的速度。

效果不太顯著呀？

是啊，所以這方法還沒有正式應用於標準醫療。另外，有一種比較極端的方法，以目前的案例結果來看效果很好。

美國羅森博格（Steven Rosenberg）研究團隊，自一九八〇年代開始進行**惡性黑色素瘤**※的免疫細胞癌症療法。

運用他們的方法，成功轉移病灶的惡性黑色腫瘤患者，約有 40%可存活很長一段時間。

※惡性黑色素瘤，是皮膚黑色素產生細胞的癌症。

哇，效果好顯著啊！

不過，這是很複雜的治療方法，並非所有醫院都能進行。

這個療法告訴我們，如果人體的殺手T細胞能發揮作用，即便是轉移的癌細胞也能被殲滅。

原來如此，殺手T細胞的免疫療法很有效呢！

老師剛才說癌症的免疫監視機制沒有作用，讓我以為免疫系統很沒用，可是現在我覺得免疫系統真的很厲害！

目前的癌症治療無非是以外科手術切除，或採用放射線照射、化學療法等，可是這些療法在癌細胞轉移後，只能延長壽命而不能根治。若我們能使用免疫療法，病灶轉移的患者也許就能得救了。

癌症的免疫療法是未來的一線曙光，還要請你們這些後進繼續努力呢。

我本來不了解癌症的免疫療法，但經過老師的說明，我終於明白了。

唯有深入研究免疫學，才能落實有效的癌症治療喔。

❖ 其他免疫細胞療法

接下來，此節將介紹各國正在研究的免疫細胞療法。

1) TCR基因導入法

過繼性免疫細胞療法所移植的細胞，基本上是取自患者體內的腫瘤組織，有時沒辦法取得足夠的量。因此，可將具有癌症專一性抗原的 T 細胞受體（TCR）基因，導入癌細胞附近血液中的非專一性T細胞，使這些T細胞產生對癌細胞的專一性。

2) 嵌合抗原受體療法

此外，有的方法是以抗體分子取代 TCR 的辨識部位。實際的作法是將抗體分子以及TCR複合體內負責傳遞訊息的CD3 分子組合起來，此法稱為嵌合抗原受體療法（CAR, Chimeric Antigen Receptor）。運作機制是結合抗體與抗原，讓與TCR相同的下游訊息進入，進而活化T細胞（**圖 8-2**）。此療法只能以細胞的表面分子為目標。

上述兩種方法在臨床實驗都獲得了一定的成果，如今，世界各國正在進行的過繼性免疫細胞療法臨床實驗，將近半數都是**TCR基因導入法**與**嵌合抗原受體療法**。

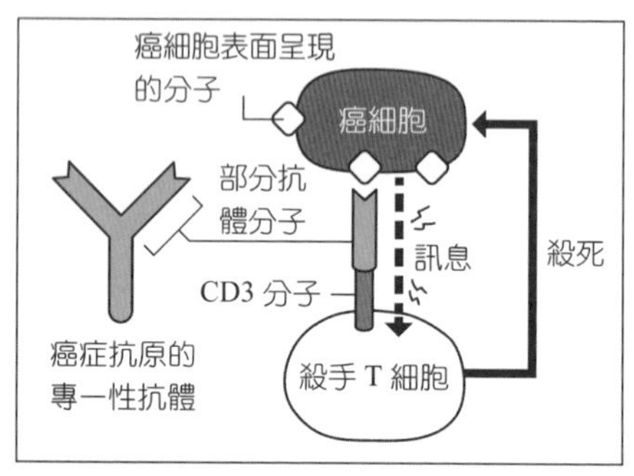

圖 8-2 嵌合抗原受體療法

3) 治療癌症的抗體藥物

由前文可知，抑制免疫分子的抗體可以讓免疫作用活化。而治療癌症的抗體療法，通常是運用對應於癌細胞表面分子的抗體。與抗體結合的癌細胞，會被吞噬細胞、NK 細胞和補體等攻擊而死。

不過，大多數抗體療法的目標分子不是癌細胞抗原，例如，廣泛用於B細胞性淋巴瘤的抗CD20 抗體，也會表現在正常的B細胞表面，因此投予抗CD20 抗體，會一併殺死許多正常的B細胞。擁有類似情況的抗體還有阻礙增生因子受體的抗體，以及阻礙促進血管新生分子的抗體等。

這些抗體藥物所指的「抗體」二字，並不是代表藥物能增強免疫功能，而是指這些藥物可直接與目標分子結合，達成阻礙的作用，所以又稱為標靶藥物，而且不屬於狹義的「癌症免疫療法」。

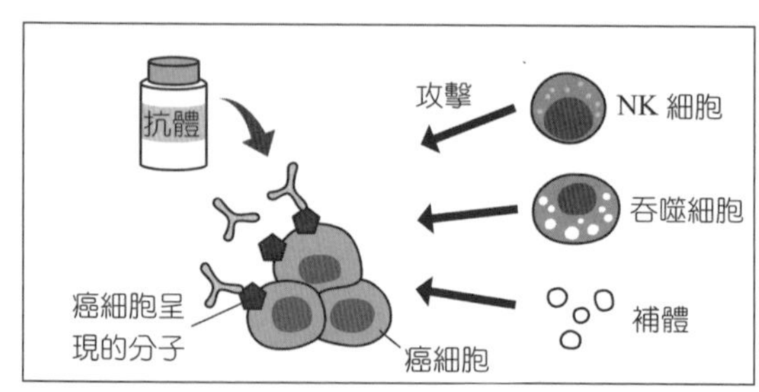

圖 8-3 利用抗體治療癌症的方法

過敏與自體免疫疾病

第 9 堂課

十一月——研究成果發表的日子越來越接近

此外，「脾臟的免疫組織染色比較」這個題目不行，改成「基因缺陷小鼠的胚中心形成障礙」更能清楚表示主題。
另外，要注意如何以投影片表達實驗內容，你的圖太多，會讓人混淆。
脾臟的免疫組織染色比較
A
小鼠
0h
1d
3d
7d
B 正常小鼠
基因缺陷小鼠
基因缺陷小鼠
D 正常小鼠
基因缺陷小鼠
E 正常小鼠
基因缺陷小鼠
PNA
GL-7
FAS

我幫你修正一下……
打字
打字

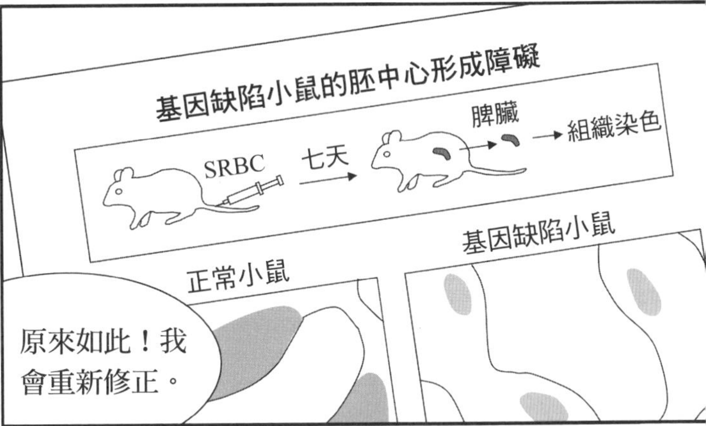
基因缺陷小鼠的胚中心形成障礙
SRBC
七天
脾臟
組織染色
正常小鼠
基因缺陷小鼠
原來如此！我會重新修正。

哇，這樣修正以後，小維的資料變得好清楚。

修正到這種程度就可以了，以第一次發表來說，你的表現相當不錯。
哼
我也要加油，做得比小維好！

嘰
喔～你們都在這裡啊。我聽德井說，你的實驗數據還不錯喔。
阿羅羅木老師！
站起來
開門
喔……
你們要現在開始上課嗎？今天的主題是什麼？
過敏與自體免疫疾病。
阿羅羅木老師，你聽說啦，真的很棒喔！
喂！妳不要亂講！
德井，我今天有空，我來幫妳上課吧。
哇！阿羅羅木老師要幫我們上課嗎？好開心！
咦？可是……

9-1 ✜ 過敏是什麼？

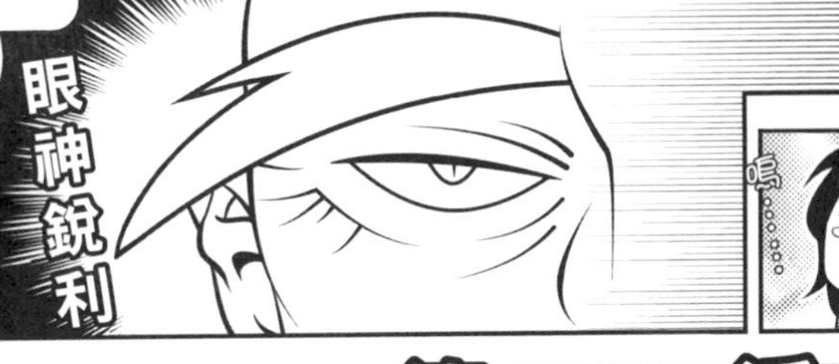
過敏是我的專長，
我講得應該會比妳好一點吧。
眼神銳利
嗚……

不好意思，就麻煩阿羅羅木老師了。
呵呵，交給我吧。

湊近
老師基本上很仁慈，但他總是個大教授，千萬不要惹他生氣喔。
尤其是鈴波！
好啦。

allergy [ǽlərdʒi]
兩位，這次要講的是過敏與自體免疫疾病。
首先，過敏的英文是 allergy。

Allergy！對了，我聽學長姊說，阿羅羅木老師除了免疫仙人這個稱號，還有另一個暱稱——阿拉爺。
阿拉爺
〔日文為 ARAJII，是 allergy 的諧音〕
哇～
妳別說了！

呵呵，阿拉爺……
年輕人真有趣。
什麼
我覺得阿拉爺這個暱稱比較可愛喔！

鈴波，妳也差不多一點！怎麼可以對老師不敬！
老師對不起。鈴波同學說出這麼失禮的話，她不是有心的。
哼～
什麼鈴波同學啊～你平常明明都隨便叫我的名字～

呵呵，不錯，我已經老了，來日無多，能和年輕人聊聊天我很開心。

咦？老師說話怎麼有氣無力的？
免疫仙人要凋零了嗎？
鈴鈴鈴
Hello? This is Aroromu.
Oh, you mean we successfully obtained the patent in US?
That's great!
Hm. Yes, right. Sure.
It should be very good news for the next capital increase of my company.

什麼？阿拉爺好厲害！恭喜您！

哇，仙人也會沾染俗事啊。

謝謝。我們開始上課吧。

我先問你們……過敏和自體免疫疾病都是免疫系統過度作用引起的疾病，但這兩者在本質上有什麼差異呢？

過敏和自體免疫疾病的差異是什麼啊？我想想……嗯……

我認為，過敏是對外來物產生的免疫反應，自體免疫反應是對自體成分所產生的免疫反應。

沒錯，說得非常好。免疫系統對自體成分不可以產生免疫反應，即使產生的免疫反應很微弱，亦算是異常反應。

而過敏則是對外來物產生的反應，對外來物本來就應該產生免疫反應，但是否「過度」則依個人的感覺而定，沒有明確定義。

過敏與自體免疫疾病的差異

兩種都是過度的免疫反應。

- 過敏　▶對外來物的反應
- 自體免疫　▶對自體成分的反應

為什麼是「個人的感覺」呢？

因為過敏是指「本來無害」的東西卻引起人體的「過度」免疫反應。例如，人體對食物和藥物等產生免疫反應，就稱為過敏。原本無害的花粉和灰塵，使人體出現流鼻水、打噴嚏等現象，也稱為過敏。

但是被蚊子叮而紅腫發癢，雖然是來自同樣的反應機制，卻不稱為過敏。這是因為蚊子的唾液被視為有害物質，雖然可視為過度反應，但因為蚊子的唾液對多數人來說不是「本來無害」的東西，所以不被視為過敏。